原來××是這樣被發明的：

地球上130項從遠古到現代的驚人發明

La fabuleuse histoire des inventions :
De la maîtrise du feu à l'immortalité

丹尼斯・古斯萊本（Denis Guthleben）著
哈雷 譯

各方好評

陳恒安（國立成功大學歷史學系副教授）、鄭國威（泛科知識公司知識長）誠摯推薦

「以技術物出現時序勾勒歷史發展軌跡，彰顯工匠人（homo faber）本色，可與觀念史、人物傳記、各類圖誌等相呼應。」

——陳恒安（國立成功大學歷史學系副教授兼校刊總編輯）

「透過深入瞭解本書，更可以知道這些不同凡響的發明如何改變世界。」

——法國《阿爾薩斯日報》（*L'Alsace*）

「這本由科學歷史家撰寫的書，可以讓你重溫人類最偉大發明的誕生！」

——法國《*Okapi*雜誌》

「法國國家科學研究中心歷史委員丹尼斯．古斯萊本讓我們從史前到現今、甚至到未來，享受一場改變人類命運的一百三十項發明之旅！」

——法國《*WE DEMAIN*》雜誌

「這本書真的讚到爆！」、「太令人著迷的一本書了！」

——法國國際米蘭公共廣播電台

「這一百三十項偉大的發明，作者運用平易近人的方式介紹給讀者，讓我們可以輕鬆追溯科學和科技的歷史。」

——法國《世界科學與醫學》（*Le Monde Science et Médecine*）雜誌

目錄

CONTENTS

上古時代

中世紀

十九世紀

二十世紀

今天……與明日？

前言

「所有發明都是從零開始。」這句名言出自劇作家尚・哈辛（*Jean Racine*）的知名悲劇《貝倫尼斯》（*Bérénice*，於一六七〇年首次公演），它比悲劇情節本身更廣為人知。作者想表達的意思其實很簡單：任何「芝麻小事」，都有可能成為某個偉大作品的靈感。所謂的「發明」，其實就是創造出一種前所未有的新工具，這跟科學等方面的「發現」有本質上的不同：對物理學家或化學家來說，是新的定律；對生物學家來說，是新的過程；對探險家來說，是新大陸。

兩種概念表面上定義不同，背後卻密不可分：「發現」與「發明」之間的關係雖然密切，但並非總如想像般那樣明顯或直觀。要「發明」通常得先「發現」：若無愛因斯坦的相對論，六十年後不會有全球定位系統（因為不管是當時還是已歷經好幾波進化的現在，GPS的延遲造成的誤差都無法忽略，得靠相對論來校正）。但有時順序剛好相反，先有「發明」才有「發現」：蒸汽機於一六八七年問世，但其運作原理要等到一八二四年才被尼古拉・萊昂納爾・薩迪・卡諾（Nicolas Léonard Sadi Carnot）解開。還有些發明是為了解決當時的問題，純粹靠豐富的想像力創造出來，無須任何科學發現為基礎：例如斷頭台（Guillotine，以其發明人Guillotin醫師為名）就是因應當時局勢而發明的，它也成為法國大革命的「名產」之一。

要追溯每個曾在人類歷史上烙下印記的偉大發明，主要關鍵之一就是還原相關的「傳奇故事」。每種發明誕生的始末都是獨一無二，無法用某種傾向或單一流程概括；從這些故事中不但可看出當時的背景，還有創造過程中的波折。當然，不是每種論述都能找到證據來支撐，尤其是在最古老的時期：人類的第一把火是從天然火災引來的嗎？輪子是因觀察高處滾下來的石頭才想到的嗎？讓老祖宗們可以從遠處射殺猛獸的投槍器又是怎麼發明的？研究人員常常得先依照現有證據提出不同假設，再根據考古證據或文獻小心驗證，才能證實或排除這些假設。但本書頭一個介紹的發明卻完全不能照這種方式驗證：人類史上最古老的工具，本來公認是在二百六十萬年前左右出現，但根據二〇一五年於非洲出土的證據，整個年代又往前挪了七十萬年！

相較之下，較近代的發明就沒有這種困難，年代越新越能得知詳細的誕生時刻：漏壺於公元前十四世紀上半葉出現，機械鐘則在公元一三〇〇年左右問世，望遠鏡於一六〇八年誕生，熱氣球首次起飛是在一七八三年六月四日，第一條推特則是於二〇〇六年三月二十一日晚上十點五十分發出……但這不代表漏壺的起源比推特的還難追查，或是古老發明背後的意義更加神祕。某些古代發明的相關文獻雖少，至少記載詳實；較新的發明雖說參考資料較多，但有時反而難以理出頭緒。然而大量的參考文獻也能幫助我們深入了解當時的情勢：像是氣泵在十七世紀中葉於英國問世後，發明者羅伯特·波以耳（Robert Boyle）與湯瑪斯·霍布斯（Thomas Hobbes）之間有一場激辯；二〇〇四年臉書（Facebook）誕生的來龍去脈，也並非都如馬克·祖克柏（Mark Zuckerberg）與他的美化版傳記敘述得那麼完美。

不管是哪種發明，包括最早的石器、火、投槍器、輪子、漏壺、機械鐘、望遠鏡、氣泵、蒸汽機、熱氣球、斷頭台、GPS、Facebook、Twitter……等，誕生前（甚至誕生後）都有一段故事。發明的歷史之所以神奇，是因為它是一系列的「成功故事」，具有多種面貌，除了極少數例外。一件發明能流傳後世，背後可是累積了無數努力；雖說大部分已經消失在人們的記憶中，但還是有人繼續付出，年復一年，直至今日依然如此。大家都是從零開始，但是有時辛勞不一定有收穫。因此我們必須以謙卑的態度來看待人類的這場冒險史詩，一切都要從三百萬年前的肯尼亞湖西岸說起……

史前時代

史前時代是貨真價實的「由來已久」！在西方世界中，聖經是不容質疑的：世界大約於耶穌基督出生前四千年誕生，誕生後第六日「神就照著自己的形象造人」……至少到十九世紀前，用神話或宗教以外的框架來描述「地球」或「人類」，都是對上帝的褻瀆，誰敢質疑聖經的內容就是找死！啟蒙時期的布豐（Buffon）不過是很保守地推論出地球應該有七萬四千八百三十二歲，一樣為此吃了不少苦頭！

然而，隨著更多地質與考古證據的出現，這張華麗的外皮逐漸剝落。一八四九年，雅克·布歇·德克雷弗克德·彼爾特（Jacques Boucher de Perthes）在經過仔細查證後，首先提出「原始人」的概念；不過要等到尼安德塔人遺跡出土，接著查爾斯·達爾文出版《物種起源》（這個英國人剛發表演化論時，還不敢明著跟人類扯上關係）後，才有人回頭注意他的理論，但這已經是十年之後。再過幾年，克羅馬儂人（Cro-Magnon）也從多爾多涅省出土，提供更進一步的資訊……

第一批敏銳、能思考並運用智慧的「人類」到底於何時出現（還有他們又是從何種生物演化而來）？科學家花了很多時間才稍微有些進展，這點業餘考古學家馬塞利諾．桑斯．德．桑圖奧拉（Marcelino Sanz de Sautuola）再清楚不過了：在仔細研究過西班牙阿爾塔米拉（Altamira）洞穴內的壯觀壁畫後，他率先將此遺跡的年代指向石器時代，結果差點被學術界排山倒海的批評聲浪淹死……當時學者多用「智人」（*Homo sapiens sapiens*，意為能運用智慧的人）一詞代表現代人種，現在看來這個烙有錯誤偏見的術語真的該廢掉。

另一個史前時代教我們的道理是「不要太早下定論」。以前我們認為人類要到二六〇萬年前才製造出工具，但根據最近幾年才發表的新考古證據，這個時間點又往前移了七十萬年。史前時代包括火、衣服、首飾、繪畫等重大發明到底是從何而起？想要完全知曉的話，我們還有很長一段路要走。

三百三十萬年前——

最古老的工具

人屬動物（Homo，包括各種原始人）開始製造工具的年代，以往公認可追溯到二百六十萬年前。只是這個紀錄被最近的發現打破……

以往被公認為最古老的石器，是於衣索比亞發現的，距今已有二百六十萬年。這些石器極有可能出自「巧人」（Homo habilis，人屬動物的一種，也是原始人的一支，可直立行走並製作石器，算是最早期的人類）之手：他們將鵝卵石刻意朝某方向敲裂，去除碎片後保留尖銳的部分，就成了這些石器……這個假設雖稱不上毫無爭議，但還算合理，因此在科學界盛行了很長一段時間，久到幾乎讓人忘了史前時代沒有「絕對正確」這回事。

而在二〇一五年四月舊金山舉辦的古人類學學會年會上，法國國家科學研究中心（CNRS）、保護性考古研究所與普瓦捷大學的研究人員們，共同宣布一個驚人的發現，並於隔月在著名期刊《自然》（*Nature*）上刊登了這篇眾人期盼的論文。在考古學家索尼亞・哈曼德（Sonia Harmand）的帶領之下，他們於肯亞圖卡納湖西岸挖掘出距今三百三十萬年前的石器，將工具出現的年代，往前推了整整七十萬年。

這些笨重的石器大多呈片狀，可拿來當錘子或鑿子用，把目標物分成好幾塊：一手握著鑿子頂著石頭，另一手則拿錘子在鑿子上面敲，就能把石頭劈成幾塊鋒利的碎片，用以切割腐肉或獵物。不過這些石器是誰製作的？這個問題其實很難回答，因為這些石器可是比已知的最早人屬動物還古老。可能的物種包括：生活在六百萬至二百五十萬年前的南方古猿屬，在衣索比亞有挖掘到牠的化石，最近幾年在離肯亞奈洛比不遠處也發現類似物種的存在；還有一九九九年於圖卡納湖西岸發現的「肯亞扁臉人」，雖然只能勉強從化石中拼出頭骨，但可看出其形狀跟古猿相比較平坦，故得其名。

若該研究小組沒解散，他們會持續工作下去。最理想的結局是像哈曼德博士在發表後續的聲明說的那樣：剛好找到「握著石頭的人手化石」。幽默一下不用錢，搞不好哪天哪個史前遺跡真的給我們送來這個大禮？

—**另見**—
・使用火（四十萬年前）　・犁（公元前五千年）

四十萬年前——

使用火

古人類究竟何時開始用火？考古學家每討論到這個，都會吵到臉紅脖子粗。目前的最新估計是，「可能」在一百萬年前到四十萬年前之間。

火是在地球誕生時就有的自然現象，所以不需要「發明」，只能「使用」：「使用火」一詞指的是人類可以真正靠自己點燃火苗並操作。然而人類到底是何時開始使用火？推測其年代真的相當困難。從門內．德崗遺址（位於法國菲尼斯泰爾省的普盧伊內克）與特拉．阿瑪他地層（位於尼斯）發現的爐床遺跡（一般是非自然形成的凹坑或石頭鋪面）來看，人類至少在四十萬年前必定已知用火了。在那之前呢？那些燒過的殘骸，包括種子、骨頭、木頭……等沒法告訴世人的是：燒它們的火，是自然生成還是人為的？

二〇〇四年，以色列的研究人員在《科學》（*Science*）期刊上發表一篇論文，詳述了他們在戈謝．貝諾特．雅．阿可夫遺址發現的人類用火遺跡，距今七十九萬年。在分析成千上萬的樣本後，他們發現其中只有一小部分有燃燒痕跡，所以排除了自然生成假設。至於最近的結果是在二〇一二年，一個國際小組宣稱在南非奇蹟洞遺址的地層中，也發現類似的遺跡。他們使用最先進的顯微光譜儀觀察，發現裡面有一百萬年前的碎骨和骨灰；照其分布看來，不像是被雨水沉積或風吹，應該是人為堆成。然而這個假設一樣有爭議：你怎麼知道這「火堆」是真的原地點燃，還是燒完才刻意堆在一起？這項發表因此在科學界引起軒然大波。

人類學會用火後不只能取暖，還能大幅提升飲食品質與技術，所以這也是人類社會發展的一個里程碑。著名史前歷史學家亨利・德・萊姆利（Henry de Lumley）曾於一九九九年十二月十三日，在法蘭西道德與政治科學學院前說過：「當年在特拉・阿瑪他生活的獵人，一獵捕到犀牛或大象等大型獵物後，當晚他們會圍繞在火邊做什麼？當然是討論之前狩獵的事！隨著時間過去，他們遇到的犀牛一隻比一隻更大、更兇猛、更可怕，獵人在打倒他們後，地位也會隨之升高：他會成為英雄或下一代景仰的祖先，甚至是一代文明的見證人。」顯然，人類就是隨著各種發明的問世而逐漸改變……

—另見—
・燈（公元前三萬五千年）

十九萬年前——

衣服

……人類賴以蔽體的衣服，其實出現的年代很早，只是很難斷定究竟是何時。……

說到史前時代的衣服，腦海中應該會浮現這樣的影像：原始人在嚴寒中裹著獸皮，看能不能撐過最後一個冰河期……這樣想其實不算錯！根據一些專家的看法，原始人可能是在八十萬年前離開非洲後，因為進入氣候較惡劣的地區（如歐洲）才開始製作衣物。但問題是要怎麼找到材料做衣服？衣物的材質分解速度較快，即使是年代較近的中世紀，能流傳至今的衣物也很少。所以要怎麼知道這個「發明」何時出現？

其實可以從其他考古證據（像是骨骸和成衣工具）來找間接證據。從某些遠古時期遺留下來的動物骨骸（馬和野牛等）上，已可看出有被去皮或除毛的痕跡，但從這可看不出來當時的成衣到底長得如何。不過智人遺留下的工具看起來相當精細，這表示他們有一定的成衣技術，至少已經懂得縫紉：二〇一六年在西伯利亞的丹尼索瓦洞穴中發現了一根長七·六公分、帶有針眼的鳥骨，距今已有四萬五千年之久……這是目前為止最古老的成衣工具，希望以後能有更多發現！

有些學者為了得到更多與衣服出現年代有關的資訊，還去研究人類寄生蟲的基因。有篇二〇一〇年發表在《分子生物學與進化》（*Molecular Biology and Evolution*）期刊的文章表示，從頭蝨（寄生在毛髮上的蝨）與體蝨（大多只能寄生在衣服上）的基因變異時間點來推算，衣服至少在八萬三千年前出現，最早甚至有可能是在十七萬年前！另一方面，仔細觀察較晚期（舊石器時代晚期到新石器時代）的考古證據會發現，史前時代已有明顯的「男裝」與「女裝」之分，在當時的時空環境下真的挺難想像的。服飾史學者一致認為，最早的衣服形式上其實跟十四世紀早期的差不多：大多是寬鬆的長袍。

最後還有一個問題，衣服本身有什麼功能？一開始應該是為了禦寒沒錯，而不同衣著又有不同的象徵性（社會地位、代表性，甚至是魔力），然後開始有了所謂的廉恥、取悅自己等慾望，人類始終都擺脫不了這些……

另見

・用「噴」的衣服（明日）

十萬年前——

首飾

從瑪麗蓮夢露開始，鑽石就是女人最好的朋友；而對智人來說，首飾更早就成為他們的好朋友……這可不分男女！

軟體動物考古學（相當冷門的考古學分支，專門研究海洋與陸地的軟體動物）跟漂亮首飾的誕生有什麼關係？按理說毫無關係，但其實關係可大了：單靠分析這些軟體動物，便能追溯人類發明出隨身飾品的年代，因為人類最早的飾品就是由不同類型的貝殼製成。

早在三十多年前，伊維特．塔波林（Yvette Taborin）就對此進行龐大的調查，經過詳細的比對與考據，將首飾出現的年代追溯到舊石器時代中期的最後幾千年。率先研究這些貝殼的就是這位法國史前史學家……貝殼內雖然已經空空如也，我們仍可從中挖掘出許多不為人知的故事：既然這群原始人喜歡戴著它們到處炫耀，那表示它們在當時已有多種重大的象徵意義。

本來我們一直以為首飾是在四萬年前左右才出現，但最近幾年陸續又有一些新發現，馬上就把其誕生年代往回推了一大段。二〇〇四年，法國國家科學研究中心的研究人員與南非合作，分析了四十一個來自布隆伯斯洞窟（差不多在開普敦與伊莉莎白港之間的海岸邊）的小貝殼後，證實它們的年代為七萬五千年前。然後在塔弗拉爾特（位於摩洛哥東部）的鴿子洞窟內也出土一批穿過孔的貝殼，經鑑定發現年代更久遠，距今八萬兩千年。二〇〇六年在以色列迦密山的斯庫爾遺址又發現了一批，差不多能把首飾的起源往回推到十三萬五千年前！

每回找到的都是由差不多的貝殼組成的飾品，這表示當時很「流行」收集一堆同樣的東西然後把它們串起來。至於徹底改變材料外觀的原創飾品，根據出土文物佐證，出現在舊石器時代晚期（約一萬五千年前）。史前藝術進展到此時可說是突飛猛進。

隨著冶金學的發展，五千年前開始多了銅和金等材料可用，首飾的歷史自此急速前進。因為技術上的多樣化，上古時代開始有了金匠業，將貴金屬搭配稀有寶石，製作出一件件精美的藝術品。但望著這些打孔的貝殼時，我們不得不承認：製造它們的原始人（無論男女）在當時已經算是很不錯的藝術家了……

—**另見**—
• 金屬（公元前四〇〇〇年）

繪畫

早在公元前四萬年到前三萬五千年之間，老祖宗們就開始用壁畫來裝飾他們居住的洞穴。

史前人類是否已經會畫畫？這個問題在十九世紀末引起了一場軒然大波。業餘考古學家馬塞利諾．桑斯．德．桑圖奧拉在實地觀察阿爾塔米拉洞窟（位於聖坦德Santander附近）裡的壁畫後，推斷它可能來自史前時代，並於一八八〇年首度對外發表，只是其結論馬上被來自學術界的口水淹沒：「原始人哪可能有這種藝術細胞！」其中批評火力最猛的是以加布里埃爾．德．莫蒂萊特（Gabriel de Mortillet）為首的法國學者們：對他們而言，這個不務正業的西班牙法學家秀出來的畫一定是近代才出現的。桑圖奧拉自此活在眾人的嘲笑與詆毀中，但直到一八八八年過世前，他都否認這些壁畫是偽造的……

一九〇一年，由於豐德高姆洞窟（位於佩里哥）也發現了類似壁畫，開始有人為桑圖奧拉平反。法國著名史前學家亨利．布勞伊（Henri Breuil）曾用「史前時代的大爆炸」來形容這個發現的影響性，它也因此讓當初批評桑圖奧拉最猛的人低頭認錯：一九〇二年，艾米爾．卡泰阿克（Émile Cartailhac）在《人類學》（*L'Anthropologie*）期刊上發表了〈西班牙的阿爾塔米拉洞窟：為當時的懷疑懺悔〉一文，承認當年的錯誤。隨著其他史前繪畫以及新定年方法的出現，輿論最終完全倒向這位業餘考古學家。

舊石器時代晚期的確已發展出繪畫藝術；這些華麗的壁畫中，最古老的約在四萬年前出現。壁畫色彩則以黑色（木炭）與淺紅色（天然赭石）為主，內容大多是創作者常見到的動物，有時這些藝術家元祖也會用「陰印、陽印的手印」來跟幾萬年後的我們打招呼。根據歷史學家克勞丁．科恩（Claudine Cohen）的說法，這些手印象徵了「某人曾戰勝黑暗通過洞穴的證明」：「面對大自然的敵意，鼓起勇氣在死寂與黑暗中，宣示自己的存在。」

雖然科學家們都一致同意這些是史前繪畫，那下一個問題就是，何處才是正宗發源地：古歐洲似乎是首選，因為法國西南部和西班牙北部都有出土壁畫；不過在印尼蘇拉威西島發現的壁畫，年代上似乎也差不多，甚至還更早。關於史前繪畫的問題還有得吵……

—**另見**—
•燈（公元前三萬五千年）

公元前三萬五千年——

燈

三萬五千年前，我們的史前老祖宗在洞穴深處點起了史上第一盞燈，從此照亮自己的生活。

根據奧瑞納文化（Aurignacian）各種已知的線索來看，人類可能在舊石器時代晚期之初，就製造出最早的手持攜帶式照明工具。當時用的火堆雖然照起來更亮，並可加熱或烹煮食物，但沒辦法挪動。要探索洞窟內部，使用火把和燈反而更方便。

最早用的當然是火把：容易製作，帶到哪裡就能照到哪裡，洞窟裡面也行（看清楚腳下很重要，因為洞窟裡很危險，每一步都可能變成最後一步！）但是其照明壽命相當有限，而且無法暫時放下以騰出手來，在通過某些困難的路段時更麻煩……題外話，研究當年通過時留下的脆弱遺跡，真是一件讓我們研究人員很頭痛的事（雖說那時的人才不在乎這些）。

三萬五千年前，為了解決這些問題，最早的燈誕生了，有平板狀、盆狀、小碗狀，不是自然形成就是人工鑿的，有時還有手柄；它們雖然成功跨越數萬年來到我們面前，但除了考古學家以外，大概沒多少人看得出來這些在火堆附近挖到的小東西原先是用來照明的！這些燈是用動物脂肪為燃料，配上可重新製作的植物燈心，能提供更穩定的照明；更重要的是，隨時可以把它放下去做別的事。

騰出雙手後，只要有點巧思就能創造出壯觀華麗的東西：以拉斯科洞窟為例，主廊區東壁上畫了條大黑牛，黑牛下面剛好就發現了三盞燈；在天井區也有個塗鴉，畫的應該是一個人和一條牛，塗鴉下面也找到了只類似古早炒咖啡豆用具的長柄油燈……總而言之，不管是在哪邊的洞窟遺跡都看得出來，精美的史前壁畫與照明的發展有很密切的關係，史前人類應該沒有發展出摸黑創作的能力。後人因此能從法國西南的吉倫特到庇里牛斯山東部之間大量出土的華麗洞窟壁畫中研究，並重新拼湊出這些區域的過往，為老祖宗的生活重新注入動人的光輝。

—另見—
・使用火（四十萬年前）　・繪畫（公元前四萬年）

公元前兩萬五千年——

陶瓷

陶瓷是人類最早用火創造出來的藝術品，這項從未過時的技術已經被推向精緻、美麗與科技的頂峰。

「陶瓷」一詞泛指用黏土捏成後，以數小時高溫燒製的物品。大約在四萬年前到一萬年前的舊石器時代晚期生活的智人（Homo sapiens）就已經會做這種東西，不過通常都不大：目前出土的動物或女體塑像（例如著名的「維納斯」[1]）中，最早的約在三萬至兩萬五千年前出現。

至於「陶器」（也就是餐具等瓶瓶罐罐之類）就比較晚了；最早的大概是兩萬年前才開始在中東、遠東、非洲和東歐等地出現，南美則要過了更久才等到它的蹤影。陶器（通常是家居用品）的發展與人類的定居息息相關：不管是要收集、存放還是調理食物都少不了它們。

當時用的成型技巧是現在初學者常用的土條成型法：用手把土一條條搓好，再把這些土條盤成想要的形狀。新石器時代末（約公元前四千年），製陶技術因陶輪的出現有非常大的進展（方便大量製造）：先是在中東，然後中國也有了。後者在陶瓷與其技術和藝術進化史上格外重要，漢代（公元前二〇六年至公元二二〇年）的瓷器尤其讓人眼前一亮：這是用高嶺土做成土坯後再以攝氏一千度以上高溫燒製而成的精緻瓷器！

最早的封閉式烤爐也是於新石器時代末出現，使得燒製可在更高、更均勻的溫度下進行，進而改善陶瓷的品質。幾百年後的青銅器時代（公元前三千至前一千年），由於釉（單色或複色的液體瓷土，以不同方式將其均勻覆蓋在坯體上再行燒製）的出現，陶器表面開始有不同的花樣。再者，陶瓷也是最古老的建築材料之一，因為磚頭也是用土燒成的！

自古以來，陶瓷的地位從未動搖，今日甚至還能在科學與工業的結合下，發展出具有特殊性質（超導性、機械性、磁性、有機性等）的新材料。陶瓷的歷史及進化顯然還會繼續下去……

—**另見**—
• 磚頭（公元前一萬年）

1 在此「維納斯」並非指那位身材完美的羅馬女神，而是有著五短身材、臃腫肚腩與下垂乳房的史前雕塑。（譯注）

公元前一萬八千年——

投槍器

……老祖宗當年可是靠著投槍器將敵人與自己的距離拉長幾公尺，才能多活幾年。……

打獵對裝備精良的現代人來說（不包括散落在世界各地的少數未開化民族），已經不算什麼危險活動，真正危在旦夕的反而是那些獵物……滅絕的物種越來越多，我們還得拚命保護那些剩下越來越少的。但以前可不是這樣，獵食者（人）與獵物（動物）之間的戰鬥，其實維持勢均力敵了很長一段時間。有時一邊占優勢，有時情勢又往另一邊倒：想像一下自己手持長矛與幾百公斤的大型猛獸（原牛、野牛或熊之類）對峙的畫面……不到最後關頭，誰都不會知道結果！

因此在約兩萬年前，人類開始思考如何先拉開自己與猛獸的距離，再伺機捕殺以飽餐一頓。他們研發出一種巧妙的裝置，將天然木材或鹿角製成的長棍其中一端，裝上鉤子等制動裝置，以方便固定，另一端則裝上手柄，最早的投槍器就這樣誕生了。它最早是在一八六〇年代於多爾多涅（Dordogne）省發現，而從那時起，在附近地區，甚至整個西歐都發現了類似物品，只是大多數都沒有手柄。其中有些還裝飾精巧，像是一九四〇年於勒馬斯－達濟勒（Le Mas d'Azil，位於阿烈日Ariège省）出土的「小鹿伴鳥」（距今約一萬四千年）就顯現了馬格德林文化的高超藝術造詣。

不過這種東西應該先講究實用性，接著才考慮如何華麗裝飾，讓別的獵人眼紅。關於這點，所有專家都異口同聲肯定這種裝置的能力：單用手將槍射出的話，有效射程（確保足夠穿透能力的距離）至少五公尺，若是力道足夠，加上技巧熟練還能加一倍；搭配投槍器的話，只要長槍材質夠柔韌堅固，不會射到一半就開花，有效射程達到二、三十公尺不是問題（老祖宗們當年應該也是多方嘗試後才找到完美的平衡）。雖然不過是多個幾公尺……但當你面前有條凶殘又不想乖乖任你射穿的猛獸，多出來的這幾公尺真是太重要了！更何況投槍器很適合用來伏擊身形小又敏捷的動物，在它們還沒察覺到獵人已經陸續接近前，先殺個措手不及。總之，這項發明帶來不少好處，不過倒楣的都是獵物……

—另見—

- 彈射器（公元前三九九年）

公元前一萬年——

籃子

籃子對人類活動的發展影響相當大。但要怎麼知道這些會自然分解的東西是何時誕生的？

除非奇蹟出現，不然我們絕對沒法知道最早的籃子是在何時何地誕生。原因很簡單：這東西雖說應該早在史前時代就出現了，但由於主要材料是植物纖維，除非是在埃及法尤姆綠洲那種氣候特別乾燥的地方，不然幾乎找不到任何考古證據。至於它的外觀裝飾變化還要等到上古時代才逐漸發展出來：一開始是在中東和埃及出現，後來希臘與羅馬也有了，但那離最初發明已經相當久遠了。文字記載就更晚出現了：人類是在編了幾千年後，才想到要把編藤藝術記載下來！

然而在克勞德·列維·斯特勞斯（Claude Lévi-Strauss）眼中，籃子這種毫不起眼、製作成本又低的日常手工藝品，是「足以跟居家爐灶齊名的文化象徵」。籃子跟磚頭都差不多在公元前一萬年誕生，它們的出現代表人類已經能用低廉的價格大量取得相關材料，也就是說，當地一定有生產某種編藤匠愛用的植物（這點在世界各地幾無例外）……這種「掌握植物就能經營」的技術產業，也因此特別經得起時間考驗（這也是列維・斯特勞斯說的）：直到現在，藤編業依舊無所不在，編法也沒有多大變化，即使是工業化或大量生產的現在，這門行業也尚未消失。

籃子對人類的意義可不只是普通日用品那麼簡單，它可是少數幾種能以自身短暫壽命，記錄人類活動發展的見證者。昔日它與狩獵採集社會形影不分，今日某些落後地區的人依然天天使用。在陶器能大量生產前，史上最早的農民在它襄助之下，得以儲存多生產出來的種子和穀物，然後再運到各處。而史上最早的商人創業時，只要繼續利用這些千年前的發明，便能將貨物從一處運到另一處來以物易物。再來藝術家們繼續接力，把這個日用品變成各式各樣的原創作品，在二十一世紀初繼續綻放光彩。

—另見—

・陶瓷（公元前兩萬五千年）

公元前一萬年——

磚頭

磚頭約在一萬兩千年前發明，不論製作或使用都很簡單，可以說是當時人類智慧的結晶。

從最原始的手捏成型，然後進展到模塑、燒製，磚頭製程經過了千年的進化，到公元前九千五百年左右已經算很成熟，不過整個過程其實還是相當原始。材料包括黏土、水與植物殘渣（例如稻草、麻或木屑），考古學家甚至還發現過寵物的毛髮；製作方法也很簡單：全攪在一起和成團，用手捏成想要的形狀，然後放在陽光下曬個兩週，再來……就能用了！

磚頭的普及完全是因為製作簡單：原料幾乎到處都有，所以開採、運輸跟儲存上都不是問題。至於技術上，只需要稍微訓練並學習一些技術，任何人都能做得出來，會做的人因此越來越多。

磚頭最早出現在中東阿斯瓦德、耶利哥、尼蒂夫．哈赫德德等地區，由於離地中海不遠，因此迅速傳播到內陸、底格里斯河與幼發拉底河盆地……不過從不同時期的遺跡可看出，有些磚頭可能是當地獨立發展出來的。再者，不同地區出產的磚頭風格都不太一樣，有時產地只隔個幾公里，外觀就能差上十萬八千里：耶利哥的磚頭是「雪茄型」；而此地北邊一百多公里外有個蒙哈塔遺址，是由著名考古學家吉恩．珀洛（Jean Perrot）發掘出來的，這裡的磚頭則是「煎餅型」。那時候的人已經開始講究品味與顏色了……

從磚頭背後殘留的指紋印，可看出當時人類一開始是以手來塑型，然後逐漸引進模具，以將製程標準化並增加產量。雖說正值人類開始定居形成部落的關鍵階段，但當時的磚頭還無法發揮多少作用。使用的人很快就發現，它們在正常氣候下會很快風化掉，極端氣候下壽命更短：光是下大雨就有可能迅速摧毀其隔熱性與堅固性。直到公元前三千五百年，才靠燒結過程解決這個缺陷。不過要讓它玻璃化，光把材料擺進火裡燒不夠，還得發揮別的巧思……

—另見—

・陶瓷（公元前兩萬五千年）

公元前八千年——

船

船大約在公元前八千年問世，人類偉大的航海史就此展開，許多的新發明也因此出現。

人類的第一艘船是如何誕生的？應該是為了不被溪流沖走只好死命抱住的漂流木吧，以免落得跟著名的南方古猿人露西同樣的下場（的確有些研究人員認為她可能是溺死的），而伊夫·科本斯（Yves Coppens）等人發現她的地方，應該就是當年她葬身的河床。能透過對自然的觀察來發現某些東西可以浮在水上，這表示人類已經進化到一個新階段；但光憑這點，無法證明人類當時已能製造出航行的載體……

事實上，開啟造船歷史的不是機會主義，而是人類的欲望：為了提高載體的穩定度，把樹幹挖空或紮成木筏。那船是何時誕生的呢？年代毫無疑問是在一萬年前左右，但由於最近新出土的發現，學術界對於起源地的看法又開始分歧。我們一直以來都認為，最早的船是歐洲中石器時代出現的獨木舟，年代約在公元前一萬年到前五千年之間：目前為止發現的最古老船隻，應該是荷蘭的「佩斯獨木舟」，約在公元前八千紀上半葉出現。然而在一九八〇年代，「杜芙納獨木舟」於奈及利亞出土；經過一連串的檢測證實，古非洲的確已發展出水路航行載具：這條小船的年代肯定比「佩斯獨木舟」還晚，但它的建造技術應該已經發展了很長一段時間。

此外，即便某地沒有足量的木材（或是品質達到水準的），也不表示該處無法造船，雖然考古學家會因為找不到遺跡而頭大。早期水路運輸用的船隻，是用一捆捆的蘆葦或紙莎草等植物組合而成。無論在古歐洲、埃及，還是美洲都是如此：即使是在今日，的的喀喀湖沿岸的居民，一樣用當地種植的蘆葦「投投拉」造的船，於玻利維亞和祕魯之間往返……這種植物使用起來對兩國的人都相當方便，因為它不僅可以拿來製作船體，編出來的草蓆還能當風帆。風帆可是很重要的發明，它應該是在公元前四千年左右於埃及問世；有了它，就有可能不靠船槳或船櫓行進更長距離。

—另見—
・鐘錶（一七三五年）　・聲納（一九一五年）

公元前六千年——

鏡子

……從最早的黑曜岩到最新的尖端產品，鏡子反映出這幾千年來驚人的技術進化。……

鏡子啊，美麗的鏡子啊，你是從哪來的？若問題改成「人類是從何時開始能看到自己的樣子」，那還真沒法說的準（這還用問嗎？當然是在某條河邊看自己的倒影啊！）但若改成「人類從何時開始有能觀察自己的專用工具」，還能稍微解答一下：公元前六千年前，安納托利亞的居民就開始用黑曜岩（一種火山熔岩形成的玻璃質岩石）的碎片當鏡子；三千年後的美索不達米亞，當地已有拋光的銅鏡；又過了一千年，中國齊家文化開始用青銅鏡（銅錫合金）；歷經阿蒙霍特普（Amenhotep）、哈特謝普蘇特（Hatchepsout）、圖坦卡門（Toutankhamon）、圖特摩斯（Thoutmosis）等著名君主的埃及第十八王朝，則是用銅銀合金製成鏡子。

從那時起，鏡子的重要性就不單只局限在審美上。人們開始用它進行初步的光學觀察：鏡中的影像左右相反，右手變成左手；若當初沒人觀察到這個現象，學者們就會很難解釋。同時鏡子也在神話中參了一腳：水仙少年納西瑟斯或珀爾修斯與美杜莎之戰就是很好的例子，傳說中的英雄要幹掉蛇髮女妖，居然只需要讓她照照鏡子就行了。它也能當軍事武器（阿基米德用鏡子引火）或政治工具：蘇埃托尼烏斯（Suétone）在《羅馬十二帝王傳》中記載，當年羅馬皇帝圖密善（Domitien）為了迷惑可能上門的刺客，在他常經過的柱廊牆上鑲滿多矽白雲母（白雲母的一種）……不過似乎沒什麼用，因為他最後還是在書房裡被殺掉了。

至於哲學家們對鏡子有意見的其實沒「很多」。蘇格拉底（Socrate）[2]就不用說了，阿普列尤斯（Apulée）在著作《辯護狀》（*Apologie*）裡說：「聰明人懂得善用鏡子，修持良好品德」；塞內卡（Sénèque）也表示，觀察鏡中的自己不僅能美化自己，還能更深入了解自己，進而改善自身品性。然而，當時的鏡子品質跟我們每天早上在浴室看到的差很多，要達到今日水準還有很長一段距離；而這段距離被威尼斯玻璃製造商穆拉諾，在中世紀末一舉拉近，只是他們的製鏡技術在十七世紀被法國工匠取得；至於現代的鏡子則是根

---

2 他發表了一堆有關鏡子的言論。（譯注）

據尤斯圖斯・馮・李比希（Justus von Liebig）於一八三五年研發出的技術，將玻璃鍍上薄薄一層銀製成的。

—另見—
・金屬（公元前四千年）

公元前五千年——

犁

……

犁是大約在公元前五千年問世，這個發明是人類社會發展的重要里程碑。

……

犁是一種耕作用農具，最早出現在七千年前的美索不達米亞，那時的犁還是木頭製的（也有石製、骨製或角製，但非常少見）。隨著時間推移，這種工具逐漸被傳遍整個中東，再來是地中海周圍，接著傳到北歐：丹麥有發現公元前三千年左右留下的耕作遺跡。

這個發明要出現，得先符合幾個先決條件。首先當然是要有農業，這早在犁出現前幾千年前就有了。農業的出現啟動了「新石器革命」：人類族群從狩獵採集社會逐漸轉型到農耕社會，並在農作物附近定居下來。當時的農作物主要是當地的野生物種，然後才轉變為小麥、大麥等馴化植物。為避免誤會，這裡補充一下：這個過程只是名義上叫作「革命」，但實際上整個轉變相當緩慢。澳洲考古學家戈登．柴爾德（Vere Gordon Childe）之所以在一九二三年把它形容成「革命」，是因為他那時被馬克思理論與剛掀起的蘇聯革命迷昏頭了！之後，雖然這一詞已經被烙上了意識型態，但由於聽起來順口，大家也就跟著用。

光有農業不夠，還得馴養夠強壯、能吃苦耐勞的動物，才能拖得動犁，不然發明出來也沒用。人類最早馴養的動物包括山羊、野豬，還有貓，都不太可能幫忙犁田，牛反而很適合。所以，最早的犁會剛好出現在人類能馴養出溫馴牛科動物的年代，完全不是巧合。人類發明出犁來應該不是想自己拉吧！

從此以後，在播種前可以用犁翻土。儘管裝置簡陋，但和鏟子跟十字鎬相比，可以使產量增加五倍。也就是說，只要手上有地能種，播種量可以上升五倍，這是相當關鍵的改良，因為這代表能耕種的土地又多了五倍。之後的情況可以想像：手上有更多耕地，就能生產更多糧食；糧食太多會吃不完，多的糧食便可促進人類族群分化：農人能供養工匠、軍人、祭司，甚至是發明家，所有人都能專心從事自己的工作。最早的村落就這樣逐漸成形，並且很快就在它們之間建立出簡單的貿易，然後繼續發展出輪子等其他發明……偉大的冒險史詩就此展開，永遠不會有結束的那一天。

另見

- 輪子（公元前三千五百年）
- 收割機（一八三一年）

公元前四千年——

金屬

……最早的冶金工，約在六千年前於歐亞大陸出現，「鍛造」了人類的新命運……

紅銅時代、青銅器時代、鐵器時代……能利用金屬，對人類相當重要，所以許多歷史重要里程碑都以金屬為名。但要建立冶金學發展的年表，首先得對「利用」一詞的定義有共識。如果是指人類與金屬的第一次接觸，那的確是很久以前的事：大約在四萬年前，於約納省活動的尼安德塔人就迷上了黃鐵礦，還採了一些帶回屈爾河畔阿爾西的洞穴內。但很明顯的是，他們發現這東西除了美觀沒有其他優點，擺著好看而已，一點用也沒有。

若是把定義改成「人類何時開始加工金屬」，年代就離我們近多了：一萬年前就有人從土裡採集天然銅礦後，不另加熱直接錘打成小型物件，通常是像珍珠一樣拿來裝飾用，土耳其境內的闞查奧努（Çayönü）等地已出土了與此行為相關的遺跡。之後人類的目光很快就轉移到另一種更稀有、更眩目的材料，也就是黃金：這種貴金屬總是閃閃發亮，所以不斷被世人瘋狂追逐；由於其不變性與極佳的可延展性，它很快就成為炫耀必備的物品。

金屬熱轉變技術約在公元前五千紀末才發展出來，至此冶金學才算真正問世。能掌握這種技術，代表人類已經觀察到金屬的兩種特性：熔度（吸收足夠熱量後就能從固態轉變為液態）與造模性（鑄好的形狀在冷卻與凝固後保持不變的能力）。首先被拿來試驗這種技術的是銅（希臘語為khalkos）：純銅為橙紅色，這也是「紅銅時代」一詞的由來。保加利亞的艾邦納爾（Aï Bunar）遺址與塞爾維亞的魯德娜·格拉瓦（Rudna Glava）遺址是目前已知最古老的銅礦礦場，其年代差不多也是人類開始開採銅礦之際。以往多用石頭、木頭或動物角製成的物品，像是短刀、小型斧頭的刀刃、裝飾品等物，漸漸開始改用銅製。只是某些物品對材質強度相當要求，銅器的堅固性面臨重大考驗……直到發現一種更堅固的合金：青銅。

青銅是在銅中加入約10％錫產生的合金，它的問世象徵青銅器時代的序幕。不過四千多年前的冶金師元祖到底是怎麼發明出青銅的？是偶然的操作失誤還是刻意試驗得出的？這問題目前還沒有答案。考古學家未來也許能解開這個千古謎團！

—另見—

・貨幣（公元前六百年）　・火車頭（一八〇四年）
・有刺鐵絲網（一八七四年）

輪子

輪子在五千五百年前問世，這個發明可以說是人類歷史最重要的里程碑之一（不過要能用才行）！

輪子是在公元前三千五百年前發明的，學者們對這點都有共識。至於發源地，本來大家都以為是美索不達米亞：在烏魯克（Uruk）的伊南娜女神廟中，發現了有類似兩輪車圖案的蘇美象形文字。可是從一九七四年起，學術界開始對此有了分歧，因為東歐突然橫空殺出想爭奪元祖發源地之實：波蘭的布羅諾西斯（Bronocice）出土了一個同年代的碗（殘片），上面也有一個四輪車的圖案，哪個比較早問世很難說。

至於這個發明是怎麼想出來的，更是眾說紛紜。圓形的東西在大自然裡到處都有，只要稍微留心就能靈光乍現：認真一點的，光看到一顆石頭或水果滾落斜坡就能得到啟發；浪漫一點的，盯著天邊懸掛的滿月，半夢半醒間搞不好靈感就來了！甚至還有考古學家說，輪子是從搬運重物用的圓木演進而來。這聽起來雖然還算合理，不過……沒人知道這種滾動技巧是在輪子發明之前還是之後出現，總之就是先有蛋還是先有雞的問題。

最早的輪子是用一整塊材料（大多為木頭）削圓製成，為了方便轉動，中間得鑽一個洞並裝上車軸（這個沒發明出來就不算輪子了）。過了很久以後，大約在公元前兩千年，開始出現輕量化的中空輪子，其中包括輻條式車輪——後來埃及人用它來製造第一批戰車（戰爭能激起人類無限的創造力）。

雖說很多人對此發明不屑一顧，但這可是我們人類歷史真正的「轉折」。與其把古人想成愚鈍無知，不如設身處地看看當時的生活情況。考古學家根據前哥倫布時期的美洲文明遺下的玩具證實，當時的確有輪子，這點出乎大眾意料。雖說發明出來了，但那時又沒有夠壯的動物（例如牛跟馬）能拉車，那能拿來做什麼？同樣地，某些北非文明是靠單峰駱駝來運輸，直到現在依舊如此：儘管他們的祖先曾在地中海沿岸見過輪子，但他們很快就發現，要穿過大片沙漠的話，車輪一定會陷入沙子裡，所以還是他們著名的「沙漠之舟」比較管用！

—另見—
・滑輪（公元前九〇〇年）　・鋪地磚（公元前三一二年）

上古時代

習慣上，我們把文字的出現當成史前時代的終點。目前已知最古老的文字是象形文字，再來是公元前四千紀中葉出現在蘇美黏土板上的楔形文字。文字出現後，老祖宗們就在不知不覺中留下更多線索，讓未來的史學家更容易拼湊出他們當年的偉大事蹟。不過絕對別只看文字記載，要多與其他遺跡對照再下結論……不然下場就會跟冒險為受苦人類取火的普羅米修斯一樣！

米歇爾．布萊（Michel Blay）在最近出版的《科學史評論》（*Critique de l'histoire des sciences*）中指出，上古時代因為歐幾里得的《幾何原本》，才開始建立有「論證次序」的思考模式，並造就了數學、幾何學、天文學、物理學等科學領域，然後成功傳承給我們。正因為有這段時期的初步研究，這些領域才被認為是「科學」；即使當時大多數學者還沒認真看待，此一時期誕生的偉大發明，仍然對這些領域的發展有關鍵性的影響。

這種評價在大多數領域都通用：曆法、日晷、漏壺等工具出現後，人類才得以掌握時間；引水渠搭配下水道網路能改善生活品質，但它們可不是古羅馬人發明的，雖然長久以來很多人都這麼認為；至於應變自然災害方面，史上第一台地震儀是中國人發明的——上古時代不是只有希臘羅馬會發明，古中國也貢獻了不少。

不過當年生活在地中海與周圍地區的古人們，留給我們的可不只有滑輪、算盤和指南針等至今仍被廣泛使用的珍貴工具；古希臘人（特別是在古典時期）也開始深入思考這些工具會如何影響世人，進而改變人類的命運。前人留給我們最重要的遺產其實並非技術本身，而是如何條理分明地質疑萬物……

公元前三千二百年——

墨

很多人以為墨是源自古代中國，其實早在五千兩百年前，已於尼羅河畔問世。

世界上最早的黑墨，誕生在公元前四千紀末的埃及，主要成分為煙灰與阿拉伯膠：把材料混合後曬乾，然後分成小塊；要用時再用水化開，或是用浸溼的刷子沾取。別的顏色則在下個千紀初陸續出現：用赭石或硃砂（硫化汞的天然礦石）取代煙灰就成了紅墨，這些紅色顏料早在幾千年前就出現在史前洞窟的壁畫中。

公元前三千紀的中國也用類似的程序來製造「墨」（「黑」與「土」的組成字），紅色也是用硃砂調出來的。那現在舉世聞名的「中國墨」呢？其實這種製墨工藝在公元三世紀才誕生，主要原料是碳殘渣（又名「碳黑」，是指油脂、製漆用的樹脂等富含碳的物質燃燒後的殘餘物）。將碳黑與米膠等膠質揉合後塑成球狀或棒狀，加水就能溶成墨汁。總之，這種以精良品質聞名的墨，也是從古法改良而來。

長期以來研究人員都認為，製墨工藝要等到中世紀才有重大進展：公元前一世紀的維特魯威（Vitruve）和相隔百年的老普林尼（Pline l'Ancien，世人多稱之為老普林尼）都記述了碳化製程。學者原以為金屬墨是在羅馬帝國衰亡後才出現；這種墨添加了鐵或鉛，所以更容易附著在羊皮紙上。但最近有項研究結果明顯與此看法不符：一群法國和比利時研究人員於二〇一六年的《美國國家科學院院刊》（*Proceedings of the National Academy of Sciences of the United States of America*）上發表一項共同研究：他們運用X光影像技術來分析帕皮里古樓（位於赫庫蘭尼姆Herculanum，維蘇威火山於七九年爆發時摧毀的城市之一）出土的紙莎草紙碎片，發現上面的墨水中有人為添加的鉛。這對歷史學家來說其實是好事，這樣他們就不用冒著毀壞珍貴文物的風險硬把脆弱的卷軸打開，也能重建被燒毀的內容。當年因太靠近維蘇威火山而喪生的老普林尼，一定沒想到後世會發展出這種新科技！

—另見—

・印刷術（一四五四年）・原子筆（一九三八年）

公元前三千年——

下水道

古印度文明至少比古羅馬帝國還早兩千年出現。雖說當年極度風光，甚至還發展出大規模的城市公衛設施，如今卻鮮為人知。

我們都會直覺地把下水道的發明歸功於羅馬人，因為他們不但是水資源管理的天才，在他們的「世界城市[3]」創造出的工程奇蹟更是一個比一個驚人。本書並非想貶低羅馬人的成就，但目前考古學家發掘到的最古老下水道設施是在印度河流域，尤以摩亨卓—達羅遺址一帶為最。

詭異的是，此遺址位於喀拉蚩（現屬巴基斯坦）北方三百公里處，雖被埋沒多年但規模相當龐大：摩亨卓—達羅的全盛時期大約在公元前三千紀中葉，當時可能有四萬多個居

3 羅馬的稱號之一。（譯注）

民；也就是說，它可能是青銅器時代最大的城市。研究人員甚至還發現，他們挖掘出來的不過只占一小部分，這樣看來當時人口有可能達十萬之數！一旦這座城市的祕密完全揭曉，或許也能從中發現一些同時期著名文化的線索，像是美索不達米亞文明與古埃及文明……

但是問題就出在這：摩亨卓—達羅遺址至今仍謎霧重重。由於這區域時有動盪，自一九二一年開始的挖掘工作只能斷斷續續進行。到目前為止，宮殿、神廟、陵墓等與社會組織有關的象徵建築都還沒被挖出來，所以也無從對這五千多年前的輝煌文明做進一步了解。這座城市難解的謎團還包括它的沒落，其荒廢時間點差不多落在公元前一九〇〇年：是因為印度河氾濫成災嗎？還是被外人入侵？或單純只是逐漸沒落？就連「摩亨卓—達羅」這個被現代人普遍使用的地名本身也是謎，它的意思在信德語（現今在巴基斯坦東南部通用的語言）中是指「死亡之丘」（聽起來超淒涼）。

不過有件事倒是證據確鑿：當時摩亨卓—達羅的居民已經為城堡、大型浴室（很明顯與城中人民的日常生活息息相關）等公共建築或私人住宅（盥洗室）設置了一套完善的下水道網路，比馬克西姆下水道早了至少二十世紀。不過當初管理得井然有序的水，如今回頭逆襲：這座杳無人煙的遺址居然也快被人類自己給毀了（還真難想像啊）！上有洪水氾濫威脅，下有鹹化地下水侵蝕根基，摩亨卓─達羅即將滅頂，可惜我們目前仍束手無策，只能任它慢慢被世人遺忘……

—**另見**—
•鋪地磚（公元前三一二二年）

公元前三千年——

曆法

日、月、季、年……看日曆對現代人來說是再平常不過的小事，誰都能做。但前人可是為此努力了很久很久很久！

曆法應該是約五千年前誕生的，只是很難斷定是美索不達米亞先有，還是由埃及先發明。雖說兩方的曆法都是藉由觀察日月星辰而來，但由於選定的參考目標不一樣，出來的曆法系統當然也不一樣：底格里斯河和幼發拉底河流域多採用陰曆，而尼羅河沿岸用的是陽曆。

古人夜觀天象得知，朔月大約每隔二十九天出現，陰曆便是以此為基礎的曆法。但那時的人早就估計出月亮運行的平均週期在二十九天六時，與二十九天二十時之間（今日公認週期為二十九天十二時四十四分二．九秒），所以他們將一年定為十二個月，其中六個月有二十九天，其他月有三十天，加起來共三百五十四天。但這個看似合理的曆法有個缺陷：跟可根據季節變化規畫農事的太陽年相比，差了整整十一天。

那時古埃及人已經把陽曆曆法規劃畫得差不多了：一年十二個月，每月三十天（以上共三百六十天），然後加上五天閏日，獻給歐西里斯（Osiris）、荷魯斯（Horus）、賽特（Seth）、伊西斯（Isis）、奈芙蒂斯（Nephtys）這五位神祇，算上來一年共三百六十五天。當象徵索蒂斯（Sothis）的天狼星，在黎明時重新出現在東方地平線時，是一年中最重要的時刻，因為尼羅河每年差不多也在此時開始氾濫。不過一年嚴格來說應該有三六五・二四天，這點差距會逐年累積：每六十年會差上十五日，每一千四百六十年則會差上一年！直到公元前二三八年，托勒密三世（Ptolémée III）頒布克諾珀斯法典：每隔四年，該年額外增加一日，是為閏年，這個問題才得以解決。

不過故事還沒結束。古羅馬人本來用的曆法系統相當複雜，又陰又陽，到了共和國末期已經混亂到讓人無所適從，因此凱撒決定在公元前四十六年一口氣撥亂反正：在該年多添上九十日把校正做好做滿（也就是那年有四百五十五日），然後隔年開始採用較簡化的「儒略曆」。這個獨裁官被刺身亡後，為了彰顯他的功勳，馬克・安東尼（Marc-Antoine）將他出生的月份（七月）改成他的名字（Julius），並把它定為三十一天。不讓其專美於前，繼任的奧古斯都（Auguste）在過世後得到一樣的待遇：八月從此冠上他的名字

（Auguste），一樣改成三十一天！不管時間流逝了多久，曆法一直都是一種高明的政治工具……

—另見—

‧日晷（公元前一五〇〇年）

公元前三千年——

風箏

約五千年前誕生於中國的風箏，是頭一個「比空氣重」的飛行器，它的問世開啟了人類征服天空的歷史。

「然後，我們就能過自己想要的生活、實現自己的想法與……夢想中的風箏。」羅曼．加里（Romain Gary）很顯然不是第一個這麼想的人。差不多在公元前三千紀初，距他的小說《風箏》（*Les Cerfs-volants*）出版還有幾千年，這個美麗的發明就已經出現在古中國天空。大多數專家都認為此處便是發源地，因為有文獻、大量藝術作品為證，甚至後來西方訪客留下的紀錄也支持這個假設：像馬可．波羅就對中國製造與操作風箏上的相關知識很著迷。

風箏自打問世開始，就絕非只是一種單純拿來殺時間的閒暇娛樂；它被賦予一層文化與宗教意義，不但將生命的喜悅與希望傳達到世人眼中（羅曼．加里可沒藉由筆下的角色安布羅斯·弗勒里胡說八道），也能慶祝豐收或消災解厄。除此之外，風箏當然還有一些平凡用途，例如保護農作物（跟會動的稻草人差不多），或是作為軍事工具：這方面有不少相關傳說，例如漢朝開國元勳之一的韓信將軍，曾在公元前二世紀初用風箏擊破大軍……不過這些傳說真實性如何，有待商榷！

風箏也不只有和平用途。這項發明自公元六世紀傳入日本後，當地就開始出現「六角風箏」合戰的傳統，規則很簡單：所有風箏在同一時間起飛，最後一個留在空中的獲勝！只要風箏一離地，可以用任何手段解決對手，看是要破壞還是直接打下來，或是用碎玻璃把人家手上的風箏線割斷也行（不過要注意別被人乘機偷襲）……至於最近一次的實戰是在第二次世界大戰期間，用接上鐵纜線的巨型風箏，搭起空中防護網來防範敵軍空襲，不管是同盟國還是軸心國（技術最高超的當然是日本）都會這招。當年那個以竹子和絲綢製成的原始型態似乎已經被人遺忘……不過這只是暫時的：風箏依然是自由的象徵，用羅曼·加里的話來說就是「在對湛藍天空的嚮往中，迷失自我」。

—**另見**—
·熱氣球（一七八三年）　·飛機（一八九〇年）

公元前兩千年——

肥皂

肥皂早在四千年前就於美索不達米亞誕生，不過人類直到兩世紀前才搞清楚皂化反應的科學機制。

好在關於肥皂起源的相關記載與考古證據還算充分，不然大家會以為是高盧人發明的。因為老普林尼在其傳世大作《自然史》（*Histoire naturelle*）中提到關於瘰癧的治療偏方，除了把山羊大便跟狐狸睪丸一起放進醋裡煮到滾（嗚嘔…），也可以用「高盧人為了使金髮光亮如昔而發明的肥皂」（prodest et sapo, Galliarum hoc inventum rutilandis capillis）。不過古羅馬這個長年不安分的鄰居，當年做的肥皂是用動物油脂與鹼灰混合而成，刺激性強到必能把他們的頭洗得「一乾二淨」。

其實肥皂誕生的年代比這要早得多，然後才傳到別的地區：約在四千年前，美索不達米亞的居民就開始將動物脂肪與碳酸鉀混合製成軟團狀肥皂，後來古埃及人也效仿。但由於刺激性高，所以不適合用來清潔身體，只能洗滌衣物。到了公元前一千年左右，敘利亞的阿勒坡開始生產手工的硬肥皂，這個城市也因此出名：以橄欖油、植物鹼、月桂籽油製成的阿勒坡古皂，到目前為止仍然舉世聞名。

還有一個城市也因出產肥皂而聞名，就是馬賽：為供應當地需求，中世紀便有季節性生產，並於十五世紀開始外銷到其他地區；政府在十七世紀末還頒布法令，明定這種香皂的製作標準：油脂只能使用純橄欖油，不得混雜其他油脂，「違者沒收其產品」。在革命爆發前，馬賽內共有六十多家製皂廠，估計年產量達數萬噸！一個半世紀後，直到第一次世界大戰爆發前，年產量甚至提高到二十萬噸左右。但兩次大戰後製皂業卻開始衰退，因為不敵新上市的合成清潔劑競爭。

歐仁．謝弗勒爾（Eugène Chevreul）在這一連串動亂期間破解了製皂機密。經過漫長的分析，這位名化學家在一八二三年發表〈對動物脂肪的研究〉一文，詳述「皂化反應」的機制。這種幾千年前就出現的技術，科學居然在兩百年前才有辦法解開其奧祕……

另見

．蒸餾器（七〇〇年）　．漂白水（一七八八年）

公元前一千五百年——

日晷

約在公元前一五〇〇年問世的日晷，雖說時快時慢，但我們還是按照它的指示，維持日常作息近三千年……

現代人老是怕時間不夠用，所以市面上才會有各式各樣號稱能省時的小玩意，一個比一個複雜……但通常時間沒省多少，荷包倒是先空了！其實古人（搞不好史前時代就開始了）老早就有時間概念：中國跟美索不達米亞在公元前三千年就已經有最基本的晷影器（gnomon）了，藉由觀察竿影的長度得知時間變化，也就是所謂的「立竿見影」。根據希羅多德（Hérodote）當年的見聞，晷影器後來就陸續傳到希臘等其他國家：「希臘人從巴比倫人那邊學到了如何根據晷影器或日影，將一天分成十二部分」。當然這種計時方式有點粗糙……但古人那時真的在乎它準不準嗎？

當然在乎，這就是為何古埃及人要改良此裝置，日晷才得以在公元前二千紀中葉誕生；從一開始的基本款飛快進化，甚至轉變為華美壯觀的藝術傑作。光是在地中海沿岸的考古學和銘刻學研究，就發現很多殘留的日晷刻度盤，大眾或私人空間都有。像是雅典的風之塔就很值得一看，這座建於公元前二世紀或前一世紀的八面建築，位於古羅馬阿哥拉（agora，原意為市集），保存得相當良好；每一面各配有一副日晷，所以只要太陽還沒下山，市民就不會措手不及，因為隨時都能看時間！另外還有一座在羅馬的戰神廣場，是公元前十年，奧古斯都從赫利奧波利斯帶回來的方尖碑；這個具紀念意義的大型日晷「奧古斯都日晷」（Horologium Augusti），現在依然矗立在永恆之城的蒙特奇特利歐廣場，正對著義大利議會。

至於這個華美又龐大的裝置到底準不準？日出日落的時間跟方位一整年都會變化，所以影子形狀和長度也會跟著改變：白天分成十二「小時」，白天越長當然每小時也越長，反之亦然！總之，上古時代的「一小時」若用現在的鐘表計時，盛夏時可能會長達八十分鐘，冬天則會縮短為四十分鐘！雖然單位長度每天都會變，古人照樣能用上一整年。只有在春分點或秋分點（白天正好十二小時），才能精準測量每小時的長度（現代人說的六十分鐘），當作天文觀測的標準度量。至於中世紀後期出現並成為計時標準的機械鐘，一開始也是根據這種「精確時」調整過來的……

—另見—

・漏壺（公元前一五〇〇年）・機械鐘（一三〇〇年）

公元前一千五百年——

漏壺

三千五百多年前誕生在古埃及的漏壺，具體地用水表現出時間是如何一點一滴流逝……

代代都有類似龍薩（Ronsard）的優秀哲人、藝術家、作家或詩人，不厭其煩地以時間的流逝為題創作，試圖在佳人年華老去前，征服其芳心。但不管是用什麼字眼形容，時間的確無時無刻都在流逝，看漏壺就知道。現存最古老的漏壺是法老王阿蒙霍特普（Amenhotep III）統治時期（公元前十四世紀上半葉）的產物，其殘片於祭祀阿蒙（Amun）的卡奈克神廟出土，現存於開羅博物館。從這些殘片可以明確追溯其誕生年代，不過也有些文獻指出，這個發明至少可再往前回溯兩百年，即公元前一千六百年。

這種設備在當時還相當簡陋：就是一個有刻度的容器，底部有個洞，容器內的水可從洞中徐徐流出，根據液面高度變化便可測量時間的流逝與間隔。漏壺一詞的原文

「clepsydre」來自希臘語的「klepsydra」，是klepsein（意為「偷竊」，法文的「偷竊癖患者」cleptomane也是借用這個字源）與húdôr（或hydôr，意為「水」）的組合字：漏壺內的水一去不回，但從中卻能知曉到底流逝掉多少時間，所以它可以說是計時器的祖先。不過這量起來準嗎？

上古時代的人很快就發現古早漏壺的缺點：由於容器內水壓隨水位變化，裡頭的水越少，流速就越慢……第一種改良是將刻度間距隨水位降低而縮小，雖說可以稍微抵消掉水位帶來的影響，但效果非常有限。直到公元前三世紀，亞歷山大城的克特西比烏斯（Ctésibios）將它改良為三個容器組成的裝置，才成功解決這個問題：先將水注入上層容器，從中溢出的水會被導入到較小的中層容器，裡面配有使水面高度保持不變的浮球，以及可調整水流量的閥門，因此中層容器內的水能以等速流向標有刻度可供測量的下層容器。克特西比烏斯發明的精巧新式水鐘雖說能準確測量時間，不過還是有個小缺點。就像波特萊爾（Baudelaire）在《惡之華》中說的：「記住，時間是難纏的對手，雖不會耍小動作，但隨時都能一拳擊倒你！如同深壑無法填滿，漏壺總有排空之時！」

—**另見**—
・日晷（公元前一五〇〇年）
・機械鐘（一三〇〇年）

公元前一千年——

助算器

……大眾普遍認為現代中國的算盤就是助算器的祖先，但其實還有輩分更高的……

人類最早能依賴的計算工具當然就是自己，不是靠腦子心算就是用手指頭慢慢數；但當資訊量超出人腦能處理的極限時，就得用別的工具輔助。而人類最古早的輔助計算工具就是石頭，這點放諸四海皆準，從語言上也能看得出來：「計算」（calcul）一詞是從拉丁文的「calculus」（原意為「石頭」）演化而來。一開始可能是單純用大小不同的石頭來代表不同的數字，之後為了更方便計算，就進化到把石頭有序地排在一張台子上：兼具計算與娛樂功能的助算器（abaque，從希臘文abax一詞演化而來）就這樣誕生了……

但這個發明到底是何時出現？除了一些微不足道的線索外，包括巴比倫、古埃及、印度，甚至是中國或希臘等最古老的文獻都沒有關於它的記載。想想也合理，這東西簡單到沒人想要寫下來，過了一千年才開始在文學作品中現身：阿里斯托芬（Aristophane）於公元前四二二年寫的《馬蜂》（*Les Guêpes*）勉強算是最早的記載，其中有一幕是雅典人在討論該跟盟友要多少獻金：「先粗略算過，不過別光用石頭，連你的手指也一塊用上……」至於考古證據就更難找了，因為助算器通常是木頭製的板子，使用時頂多會在上面以粉筆做記號，很難好好地保存到現代讓我們看。現存最古老實物是白色大理石板製成的，約在公元前五世紀誕生：這塊於薩拉米斯島出土的長方形石板上有數條平行線，主要是使用十進位制，但也搭配五進位制處理較小的單位，應該是剛從五指算術進化而來的……

當時的中國則開始用細棍子來取代石頭：「算盤」一詞由字面上來看，意思是「棍子台」；這些棍子經過了漫長的演進，到了公元十世紀左右才變成今日我們看到的樣子。至於計算方程式那些，還要再過五個世紀才會被人寫出來！不過古中國的「算籌」比古希臘羅馬時代的助算器好用多了，除了能做基本的四則運算，還可以算平方根或立方根，甚至做分數運算……

—**另見**—

．計算機（一六四二年）．電腦（一九三六年）

滑輪

目前已知歷史最悠久的滑輪身影，是在公元前九世紀上半葉的亞述的淺浮雕上。

普魯塔克（Plutarch）在其著作《希臘羅馬名人傳》中描述了阿基米德被敘拉古的希倫二世（Hiéron）召去後的經歷：「在把地球舉起來前，他得先靠雙手完成一件大任務：將國王的這艘戰船拖出來，連同船上面滿載的貨跟人；接著，他坐在不遠處，將手伸往一件以數個滑輪組合起來的裝置，然後輕輕一拉，整艘戰船往前緩緩滑動，就這樣輕輕鬆鬆地被拉出來了。」這位科學家還誇口：「我對我發明的裝置很有信心，若世界上有第二個地球，用這裝置便能把它從這舉起來！」根據這段歷史情節衍生出的趣聞與傳說不少，阿基米德也因此成為所有起重裝置之父：「只要給我一個支點和一根槓桿，我就能舉起整個地球。」誰沒聽過這句後人穿鑿附會出的名言？

那時的建築師和商人難道真沒想到這個偉大的西西里科學家能做得出這種裝置？他們

在貿易發展的過程中，不是蓋了一座比一座雄偉的建築，就是運送越來越多的貨物，裝了又卸、卸了又裝——由此看來，這種裝置在當時的建築工地跟港口一定很常見。不過到底是在哪個年代出現的就很難說：第一個發明槓桿的人（搞不好是女人也說不定）應該沒想到自己會是第一個！但滑輪的發明就有些線索可循：它的身影最早出現在亞述人的淺浮雕上，這浮雕描述了某座被阿淑爾納西爾帕二世（Assurnasirpal II, 883-859）圍困的城市，城牆上的士兵忙著把起重裝置的繩索割斷。然而這個以殘暴聞名的君主在位期間衝突不斷，所以很難清楚知道這場仗是何時打的，但可以確定的是，滑輪至少在三千年前就出現了。

滑輪發明之前當然有段歷史，但前提是要先有輪子。不過就如普魯塔克筆下所述，它的誕生對後人貢獻良多。只要將兩個、三個甚至四個滑輪巧妙地組合在一起，就能靠一己之力對抗萬有引力，起重機就是從這絕妙的點子發展出來的：以往多人還做不了的工作，現在靠單人或一隻動物就能獨立完成……

—**另見**—
• 輪子（公元前三五〇〇年）

公元前七百年——

引水渠

引水渠不是古羅馬人發明的，因為它比永恆之城還早四百年出現，但這無損他們的功績。

說到引水渠，腦中唯一會浮現的應該是某排很長的著名建築物，也就是古羅馬遺留下的加爾橋（Pont du Gard）。不管是羅馬共和國還是羅馬帝國都有為這個驚人的建築出一分力，並帶給後世關鍵性的創新……但出乎意料的是，引水渠真的不是他們發明的！在解釋之前先釐清一下觀念：很多人會先入為主地以為引水渠是一種橋樑，但它其實不是橋，而是一種大部分都埋在地下的輸水網路。加爾橋固然壯觀，但那只占整個複雜系統的一小部分，其他部分是看不到的。那引水渠到底起源於何處？

公元前七〇五至前六八一年間，亞述帝國在傑出的戰略家辛那赫里布（Sennachérib）鐵腕統治下，不僅國富力強，國王也得以全力打造自己的首都尼尼微：城中蓋了大大小小的花園，這種設施在經年乾旱的地區是國力強盛的象徵；為了要灌溉這些花草，這位君主還修建了渠道、水池、水壩，以及長達幾百公尺的橋，因此遺留下不少考古與銘刻（記錄其功績的淺浮雕與石碑，以便永傳後世）。有些研究人員甚至認為，傳說中的空中花園（古代世界七大奇蹟之一）其實是在尼尼微，而非巴比倫……

史上最早的引水渠是亞述人蓋的，第二早的則在公元前六世紀於希臘的薩摩斯島修建，即著名的「尤帕里內奧輸水道」（tunnel d'Eupalinos）是也，其名正是為了紀念完成此偉大工程的建築師。整條地下隧道長達一千零三十六公尺，距離山頂約二百公尺深，能將水從卡斯楚山另一端輸送至該島首都。

引水渠的歷史上演了一陣子後，羅馬人才姍姍來遲；要到公元前四世紀末，這座永恆之城[4]才有了第一號引水渠「阿庇亞大道」（Aqua Appia），但這些偉大建築師在建築技術、輸水流量控制、地形學等領域達成的卓越成就，不會因這點小事而黯淡。後世的建築師在擴建時，通常會沿用他們當年修建的部分，就是最好的證明。以巴黎為例，歐仁·貝爾格蘭（Eugène Belgrand）於拿破崙三世（Napoleon III）在位期間建造的瓦訥河引水渠，

---

4 指羅馬的別稱（譯注）。

就是沿著十六個世紀前留下的盧泰斯飲水道而建。不管如何改朝換代，水都能流經世上最美的城市！

—**另見**—

・下水道（公元前三〇〇〇年）

公元前六百年——

貨幣

金屬錢幣最早出現在公元前七世紀的安納托利亞（Anatolia，小亞細亞）。有了它才得以建立商業交易系統，進而開展貿易交流。

在今日，「比特幣」等網際網路加密貨幣的交易已經越來越普及，一般商店也支援電子支付，結帳時感應一下就好，所以實體貨幣越來越少人用了。然而它在公元前七世紀誕生時，世界竟為之風雲變色。

史上最早的錢幣，是小亞細亞的利底亞王國在墨納得王朝開國君主吉戈（Gygès）與後代君主阿呂亞泰斯二世（Alyatte II）的倡議之下發行的，上面印有王家徽章（獅子），後來流傳到薩第斯（Sardis）並被後人發現。著名的克羅伊斯（Crésus，阿呂亞泰斯二世之子）繼任後（在位期間：公元前五六一到前五四六年）……他們的錢幣是以該國產的天然金銀合金（琥珀金）鑄成，當年的主要礦脈帕克托爾河（Pactole）現在也是家喻戶曉……一面是王朝的印記，另一面則是面額，表示錢幣的重量或合金的保證價值。這種制度很快就遍及整個希臘世界，甚至是中東地區。

這跟以物易物或以其他小型物品代替貨幣（例如古埃及與美索不達米亞用的青銅環、中國用的貝殼）的交易相比，到底哪裡進步？錢幣當然更容易用！因為攜帶起來方便，使得重大交易更容易進行；當商品價值太高，或買賣兩方無法當場提出對方感興趣的金額或商品時，以物易物的方便性會大幅受限。另外，實體貨幣度量起來很方便，金額可大可小，所以不管是廉價還是貴重商品都能交易；而以物易物就沒這麼方便了，不是什麼東西都可以隨便分割拿來換價值較低的東西（工具或動物總不能拿來分割吧），當兩樣物品性質完全不同時，也很難找到一定的價值標準來交易……

然而，要使交易系統順利成立，關鍵在於發行機構必須為錢幣價值提供保證，因為這些交易是建立在使用者對發行錢幣的王國或城市的信任下。現代貨幣系統必須要先贏得使用者的信心，才能以此為基礎繼續發行單純證明收取金額價值的非貴重貨幣（紙幣、電子貨幣）：這樣以後就不用跳進帕克托爾河裡撈金子了！

—另見—
・金屬（公元前四千年）

公元前三九九年——

彈射器

根據西西里的狄奧多羅斯（Diodore de Sicile）留下的記載，彈射器是在公元前三九九年發明……不過某些考古證據明顯與此不符。

「當時的敘拉古由於工資高加上報酬豐厚，吸引眾多能人前來，所以成為傑出工匠的聚集地，彈射器也於此問世。」狄奧多羅斯在他的《通用史》（*Histoire universelle*）第十四卷中指出，彈射器是在公元前五到前四世紀間，由當時敘拉古僭主大狄奧尼西奧斯（Denys l'Ancien）的隨行人員發明的，並被拿來對付迦太基。這個裝置馬上就展現了威力：「敘拉古人在陸上用彈射器發射利箭，殲滅了大量敵人。人們普遍被這種新武器的威力嚇得目瞪口呆。伊米爾卡（Imilcar）只得鎩羽而歸，退回利比亞……」

雖然已是陳年往事（狄奧多羅斯在事發後三個多世紀才將它寫下來），但也多虧此一珍貴記載，歷史學家才得以確定彈射器是於公元前三九九年誕生。這種武器一開始是用來當弩，亞歷山卓的希羅（Héron d'Alexandrie，與狄奧多羅斯同年代）也在其著作《伯洛普卡》中證實此事：「這種能代替弓箭手的裝置，象徵彈道機械的開始。」「彈射器」一詞（catapulte）在上古時代泛指所有彈道設備，包括類似前面所述的大型弩弓「oxybèles」，還有後來才出現的彈石器「lithoboles」；後者最早出現在希臘化時代晚期，公元前三〇五年德米特里一世（Démétrios Poliorcète）的羅得圍城戰中就已被投入使用。

然而，這個看似完善的論述因為幾個意外的考古發現而動搖：一九六七年，塞普勒斯的帕福斯遺址出土了一些石灰球，其年代可追溯至公元前五世紀初，剛好是此地被波斯人圍攻的時候；然後是一九九四年，這次是在伊奧尼亞的福西亞發現一個重達二十二公斤的凝灰岩球，它可能是在公元前五四六年（比前面的年代早五十多年）被同一批敵人用來毀壞城牆……難道波斯人早在公元前六世紀就發明彈射器了？儘管爭議尚未完全結束，但專家們目前比較傾向狄奧多羅斯的說法：在帕福斯和福西亞出土的石球不是被攻擊方射過來的，而是被防守方拿來從城牆上丟下去的；他們會先將石球做成容易操作、搬運或在城牆上滾動的形狀……

—另見—

•投槍器（公元前一萬八千年）

公元前三一二年——

鋪地磚

⋯這要歸功於凱撒：要不是他慧眼識貨，台伯河岸（Tibre）不可能變成鋪地磚的發源地。⋯

只要有人開始定居，路就會自己出現。很荒謬嗎？這樣想就懂了：村落開始出現後，要彼此交流自然得有路。但別把當時的路想成一套工程龐大、標示清楚的複雜網路：新石器時代的道路一開始其實跟沒刻意施工的山間小徑差不多，一旦來往的人少了，便很容易被大自然重新吞蝕。再來就出現人為開闢的道路，先從大眾建築周圍開始鋪設，然後逐漸延伸到外部區域。中東和英國都有挖掘出新石器時代的道路遺跡，從木製圍籬看來距今約六千年；希臘在米諾斯文明時期（公元前二七〇〇年至一二〇〇年）也有修建碎石路。

至於鋪地磚的出現年代較晚。聖依西多祿（Isidore of Seville）在其著作《詞源》（*Etymologiae*）中指出，它是由迦太基人發明，但他並未對其年代與誕生始末多做說明。

蒂托—李維（Tite-Live）則在《編年體》（*Annales*）中把它的問世歸功於古羅馬共和國，這個說法當然比較合理，因為美索不達米亞、古埃及、波斯或古希臘等文明以前修建了那麼多條路，卻沒有一條能達到同樣水準，當然整體規模也從未能與之相比。古羅馬人還寫了完整的論文來描述這些道路是如何設計與修建的：例如施庫拉斯・弗拉科斯（Siculus Flaccus）在公元一世紀將道路分級為：「國家修建的公共道路」、「從主要道路分支出去的村間道路」、「通往特定區域的小路」（專給經過此處才能回自己家的人）。

不過該領域的專家雷蒙德・謝瓦利爾（Raymond Chevallier）表示，當時修建的路應該還是鋪碎石（via glarea strata）或紅土（via terrenae）。讓鋪地磚（via silice stratae）真正「上路」然後正式步入歷史舞台的，其實是公元前三一二年為連接羅馬與南義大利而建的亞壁古道。隨著帝國擴張，道路網逐漸擴及所有省分。但在羅馬衰落之後，這些道路由於缺乏維護而逐漸毀壞；要再過幾個世紀，腓力二世（Philippe Auguste）即位後的一一八四年，鋪地磚才會在巴黎等地重返榮耀。它賦予遊客與好幾代詩人靈感，像雷歐・費亥（Léo Ferré）的歌詞就如此描述鋪地磚的用途：

像個手足無措的小女孩（Comme une fille）

整條路被剝個精光（La rue se déshabille）
鋪地磚堆積如山（Les pavés s'entassent）
若有條子經過（Et les flics qui passent）
就撿起來砸過去（Les prennent sur la gueule）

—另見—
・下水道（公元前三千年）

阿基米德

浴缸、槓桿、螺絲釘、鏡子、阿基米德原理等，全都是這位敘拉古的學者發明的？大部分是，少部分不是。

世人總以為對阿基米德的一切瞭若指掌：天才數學家兼慷慨的發明家，活躍於公元前三世紀，卒於公元前二一二年羅馬人對敘拉古的圍攻中。他一部分的成果的確流傳至今：包括幾何學、物理學與天文學、π（圓周與直徑的比值）的近似求解、重心與槓桿原理的研究等；他還把對大數目的思考寫成驚世論文《數沙者》（*Arénaire*），估算了填滿宇宙需要用多少沙子；還有那有名的阿基米德原理：「物體在液體中所獲得的浮力，等於物體所排出液體的重量」……建築師維特魯威（Vitruve）在兩個世紀後將這個發現用自己的方式詮釋，讓世人從此在腦海中刻下這個科學家從浴缸跳出來大喊「尤里卡！尤里卡！」（意指：我發現了）的情景。

老實說，由於阿基米德的生平不如其研究出名，這才衍生出一大堆傳奇軼事，當然還要感謝波利比烏斯（Polybe）、西塞羅（Cicéron）、蒂托－李維、普魯塔克、瓦萊里烏斯・馬克西姆斯（Valère-Maxime）、琉善（Lucien de Samosate）等名作家的美化與傳誦。他們對這個科學家根本一無所知，卻極盡所能地強調他的存在，即使在他死於馬克盧斯（Marcellus）軍團的利刃之下後也不放過：西塞羅還在他的《圖斯庫勒論辯》（*Tusculanes*）裡，繪聲繪影地敘述某個年輕的西西里財務官如何在一片灌木與荊棘中，找到阿基米德被遺忘的孤墳。

但最誇張的情節，非敘拉古圍城戰莫屬，威名遠播的羅馬大軍居然被阿基米德發明的裝置擋了三年。不過其中有部分還算可信，甚至已經被證實無誤，例如普魯塔克寫的：「當阿基米德開始操作他的機器，各式各樣的箭與巨大的石頭便如冰雹般，驟然地轟隆轟隆落到羅馬步兵頭上，無人能承受這種衝擊……至於海邊的防守，他在城牆上安裝的另一種機器，會突然往敵方戰船伸出一些巨大的觸角，狀如獠牙；將戰船一側勾住後往上提，再任它自由掉落，船身就會因此在海浪中損毀。」不過其他部分就真的太神話了，當時的技術根本沒辦法做出那塊能遠距離點燃艦隊的著名生火鏡。而這些傳奇還會被人不斷傳頌下去……

—另見—

・滑輪（公元前九〇〇年）

・彈射器（公元前三九九年）

公元前二八〇年——

燈塔

公元前二八〇年左右落成的亞歷山大燈塔，是上古時代世界七大奇蹟之一，當年可是方圓五十公里內都能看見。

以燈火來指引海上船員的做法由來已久，久到無法得知是從何而起；至於為此而生的建築物中，最知名的非亞歷山大燈塔莫屬，其建造始末倒是有據可查。它於托勒密一世（Ptolémée Ier Sôter）在位時（約公元前二九〇年）開始興建，其子托勒密二世（Ptolémée II Philadelphe）繼位幾年後（約公元前二八〇年）落成。幾位作家來埃及參訪時，不但為這座建築讚嘆不已，也從上面的碑文得知其來龍去脈。像斯特拉波（Strabo）就在《地理學》（*Géographie*）第十七卷指出：「法羅斯島盡頭的海角有座孤立的巨岩，被滔滔海浪不斷從四面八方撞擊。這塊大石頭上有座華麗雄偉的多層建築，是以白色大理石建造，其名亦為『Phare』，與身處的島同名。根據紀念碑文上的敘述，此塔由國王的摯友索斯特拉特（Sostrate de Cnide）建成後獻給國王，用以保障在此區域航行的船隻平安。」

從「國王的摯友」一詞可看出，建築師索斯特拉特是與托勒密王朝（自亞歷山大死後開始統治埃及的王朝）前幾任君主關係相當密切的顧問；老普林尼曾指出，索斯特拉特之前就因在家鄉尼多斯打造的懸空式柱廊建築而聞名，不過那些跟這座英勇矗立好幾個世紀的燈塔相比，根本算不了什麼：直到一三四九年，它才因地震完全崩塌。由於存在的時間很長，許多文獻、藝術品甚至硬幣上都有它的蹤影。法國著名學者讓．伊夫．恩珀勒（Jean-Yves Empereur）是專門研究這方面（至少大部分的研究是）的考古先驅，也是亞歷山大港研究中心的創辦人；他根據收集到的所有相關文獻記載，詳細地描述了這座三層燈塔的外觀：底層為四方形基座，中層是八角形塔身，上層則為圓柱形的燈火樓（使用油燈），頂端還有一尊雕像，總高度約一百三十五公尺。

亞歷山大燈塔不但能引導船隻，還吸引許多慕名前來的遊客。琉善在公元二世紀曾親眼目睹這座塔；在他眼中，它是所有的歷史學家，甚至全人類創作的靈感泉源：「可惜這位建築師無緣見到此刻。雖然這一刻只是生命中的剎那，但不管在此時還是未來的歲月，只要這座塔還屹立不搖，世人就會記得他的才華。要記錄歷史，就該留下事實以待後人評說；而非單純誇耀當代的豐功偉業，讓後人只有欽羡的份。」願歷史的燈塔繼續照亮世人！

—另見—

・船（公元前八千年）

指南針

指南針的真實由來不明，但相關的傳說與神話一大串，真是個讓人琢磨不透的發明……（無誤）！

要製作指南針，得先有磁鐵礦；這種礦物是由氧化鐵組成，它的磁化特性在上古時代就為人所知。有些人試著解釋這種現象，例如柏拉圖在《蒂邁歐篇》如此敘述自己了解的部分：「先是整個轉了一圈，然後不是互斥就是相吸；為了回到各自的舒適圈，它們甚至還會互換位置。」其他人則乾脆承認自己的無知，老普林尼就這麼形容：「這閃閃發亮的材料可以征服一切，黏緊緊毫無空隙可鑽；但若取兩塊互相靠近，就會跳到石頭上，死命抓著不放。」盧克萊修（Lucrèce）則是提到鐵與磁鐵礦之間的「無形接縫」，為這現象命名的人，是色薩利的一位名叫馬內斯（Magnès）的牧羊人，他在馬內西的海克力斯附近首次觀察（或發現）此現象。

當古希臘人和古羅馬人還在琢磨這種性質背後的奧祕時，中國人已經開始拿來用了：利用針狀或勺子狀的小塊磁鐵礦，就能隨時知道哪邊是南邊（古中國慣用的參考方向）。這種技術最早可以追溯到秦末或漢初，但習慣上我們仍保守估計是在公元前二百年出現的，待日後有進一步發現再修正。不過更精細的裝置應該是在十一世紀才出現：科學家沈括在一〇八〇年寫的《夢溪筆談》裡不但對此做了詳細的描述，並提到了今日被稱為「地磁偏角」的現象（地磁北極與地理北極並不完全重合，方向會差個好幾度，差異也會隨時間變化）。

根據傳聞，馬可．波羅將這項發明放入行囊，一起帶回歐洲。但沒有任何記載有提及這件事，包括那本吹牛吹上天的《馬可波羅遊記》！這個工具比較有可能是沿貿易路線流傳：先穿過印度與阿拉伯世界，到了黎凡特的某個威尼斯商人手上後，得到了新名字「bussola」（意為小盒子），然後被賣給遊客與水手：詩人吉奧．德．普羅文斯（Guiot de Provins）也曾提過，它在十二世紀末就出現了。後來克里斯多福．哥倫布（Christopher Columbus）和瓦斯科．達伽馬（Vasco da Gama）等著名航海家也人手一只，期望它能帶領自己找到前往中國的航道……指南針在繞了大半個地球後，又回到老家了！

—另見—
・電磁鐵（一八二〇年）

公元一〇五年——

紙

石頭、莎草紙、羊皮紙……這些東西在八千年前出現後，在上頭寫字的人一直都有，不過它們都沒有紙張那麼好用。

一般公認紙張是於公元一〇五年誕生。那年，中國高級行政官員蔡倫向漢和帝呈獻了造紙技術：將桑樹皮、破布、痲頭混合，經過浸泡、成型、焙乾等手續後，便可成為極佳的書寫載體。對於必須管大小事的帝國行政單位來說，這個新發明簡直太棒了！它可以取代以前那些難用的載體：既笨重又不耐存放的木板、狹窄（有些只夠寫一行）易斷裂且不實用的竹片、因為昂貴所以很少用的絲綢。之後，漢和帝詔令全國，誥書上不但稱許這種紙張的優點、推廣此造紙技術，還表彰創造者的功勳與榮譽……

造紙術在中國被認為具有高度的戰略意義，所以被當成機密守了六百多年，直到公元七五一年七月的怛羅斯戰役（怛羅斯位於今日的哈薩克境內，中國與阿拉伯人當時在其附近交戰）後才有所轉變。雙方對於交戰始末的說法不一：阿拔斯王朝（當時中國稱之為黑衣大食）聲稱他們靠四萬名士兵就狠狠擊潰十五萬中國方聯軍，而中國那邊卻說自己英勇抵抗比己方高出五倍的兵力……算了，不重要。反正結果是阿拉手下的戰士贏了，他們因這場勝仗俘虜了不少敵軍，其中有一些精通造紙術的工匠。造紙術從此開始在阿拉伯的穆斯林世界中流通（巴格達在八世紀末就曾出現造紙坊），並逐漸改良。

而在歐洲，公元前二世紀開始生產的羊皮紙（以動物皮製成）並沒有馬上被紙張取代：雖然紙張早在公元十世紀就出現了，但法國到十二世紀末都還只有一間造紙廠（位於埃羅省）。但在一四五四年印刷術問世後，不僅促進紙的生產，也持續刺激技術改良，直到今日仍未停止。如今雖說已踏入數位時代，紙張依然大行其道：包括書籍、報紙，甚至……惱人的行政程序等，平均每個法國人每年要用掉一百三十六公斤的紙張：對製造商來說是好事，但對環境來說就不是了！

—**另見**—
・墨（公元前三二〇〇年）・印刷術（一四五四年）

公元一三二年——地震儀

……公元一三二年，中國科學家張衡製造出史上第一台地震儀，兼具精確性與藝術性。……

地震是怎麼造成的？板塊構造理論從十九世紀末開始發展，到一九六〇年代整個學說大致成熟，直到找到地質與地殼構造方面的證據後正式底定，但上古時代的人可不是這麼想。亞里斯多德（Aristotle）認為，地震是由於地底洞穴的強風所引起；包括盧克萊修、普林尼、塞內卡等重要學者都普遍支持這種說法，所以一直被沿用到中世紀……直到其他關鍵事件發生後才逐漸改觀。先是伽桑狄（Gassendi）：「含硫磺和瀝青味的氣體突然噴發」；再來是布豐（Buffon）與比阿圖隆神父（Bertholon），他們將閃電引到地面放電；然後是康德（Kant）提到的「只需一點火星就能熊熊燃燒的可燃材料」……一連串觀察下來，會發現地震與火山爆發應該有一定關聯：在一九〇六年，一些學者甚至把維蘇威火山在四月七日的爆發，跟十一天後的舊金山地震聯想在一起，兩地距離可是相當遙遠啊！

不過早在公元一三二年，中國的張衡就已經在地震觀測方面有了超乎想像的進展。不過要先聲明的是：這位東漢科學家只能單純找出地震發生的方位，未能解釋這種現象的起因；然而古中國幅員遼闊，有這點進展已經相當可貴了。更何況張衡設計出的裝置簡直是藝術傑作：一個周圍有八條龍的尊，每條龍嘴上都含著一顆青銅球，龍頭下方各有一隻青蛙；在尊裡面有一個銅製擺錘，能觸擊與八條龍龍頭相連的活動臂。當地震發生時，即使是遠在幾百里外，擺錘也會觸擊與震央同方向的活動臂，與之相連的龍頭便會鬆口，任嘴裡的球掉落……然後球就會落在下方青蛙的嘴裡（它的存在還真的不重要）。這台原創地震儀的測定相當準確，因此能爭取更多時間搜救生還者。

遇難者的遭遇不僅會影響當權者的威信，旁觀者也會為之動容。伏爾泰（Voltaire）在一七五六年發表的《里斯本震災輓詩》（*Poème sur le désastre de Lisbonne*）中也發自內心地哀悼：

> 婦女與孩童們被一個個堆起，（Ces femmes, ces enfants l'un sur l'autre entassés,）
> 支離破碎的遺體被壓在大理石碎塊下，（Sous ces marbres rompus ces membres dispersés ;）

不幸被泥土吞蝕的十萬條生命，（Cent mille infortunés que la terre dévore,）
依然渾身血污、四分五裂、不斷顫抖，（Qui, sanglants, déchirés, et palpitants encore,）
無助地被壓在自家屋頂之下，直到死去（Enterrés sous leurs toits, terminent sans secours）
在這悽慘的日子裡，依然遭受痛苦的折磨！（Dans l'horreur des tourments leurs lamentables jours !）

—另見—
・指南針（公元前二〇〇〇年）

公元二五〇年——

磨坊

公元二五〇年左右，希拉波利斯（安納托利亞）開始出現水力驅動裝置，大幅減輕石匠的辛勞……

馬克．布洛克（Marc Bloch）在一九三五年的《編年史》（*Les Annales*）中指出：「水力磨坊在上古時代就出現了，但要到中世紀才開始普及。」他看得明白，至少應該懂「一樣發明若不能滿足大眾需求，就幾乎無法傳播。」的道理。因為在古羅馬帝國衰亡前，有大量又便宜的奴隸可用，所以沒有開發新技術來取代人力的必要。從各方面看，奴隸制的確會阻礙科技進步，而技術沒進步當然也就沒法流通了。

水力磨坊其實在上古時代就為人所知。拜占庭的費隆（Philon de Byzance）在《氣體動力學》（*Pneumatiques*）一書中，描述了一種裝有葉片的輪子，可以水流推動。但它嚴格來說不是水磨，因為這種裝置只能單純將水從低處送往高處，無法產生額外動能供人利用，跟一般的汲水水車差不多。兩個世紀後，古羅馬建築師維特魯威也在他的《建築十書》（*De Architectura*）第十卷中提到類似的輪子：「光用水力便能轉動輪子：固定在上頭的桶子在裝滿水後便被轉到高處，供人使用。」他亦提到靠動物轉動來將小麥磨成麵粉的動物拉磨，不過並未著墨細節。

目前較可靠的證據是希拉波利斯遺址（位於安納托利亞）西邊大墓地出土的一件石棺，其年代約在公元三世紀下半葉；上面的淺浮雕刻的是一對靠水力搭配齒輪系統驅動的鋸子，用來切割石材，整體特徵看起來就是水磨無誤。但馬克．布洛克說的也沒錯：根據相關文獻與考古證據，這種裝置在上古時代的確相當罕見。也有些名史學家們認為這要到莊園時期才出現，也就是說，水磨雖然已誕生了千年，但直到最後那幾十年才有明顯的發展。根據加洛林時代留下的遺跡，它從中世紀初就開始普及，這點毋庸置疑。

至於風車磨坊要到十二和十三世紀才逐漸在歐洲出現：十字軍先在聖地發現這種技術，返國之後再進行改良。自一一五〇年起，磨坊在風力與水力攜手相助下，日夜轉動研磨穀物，養活不斷增長的人口。

另見

• 犁（公元前五千年）　• 輪子（公元前三千五百年）

中世紀

某些偏見一旦形成後便很難消除。打從文藝復興時期那些景仰古羅馬當年榮光的人文學者，擅自把羅馬的衰落當成上古時代的終點，並把之後千年左右的時光命名為「中世紀」後，這段時期就開始背上汙名。無知、倒退、愚民、……被硬貼上的負面標籤不計其數。要不是二十世紀的中世紀史學家不遺餘力地還原真相，世人可真會以為那個時代一無可取。即使是今日，當我們談論到中世紀盛行的措施、習俗或機器時，也很少給正面評價……

儘管在機械、能源、工具、軍武、紡織方面都有大幅進展，相關知識不但深度與廣度俱增也逐漸普及，（大學這種機構不就是在中世紀誕生的嗎？）但多數人依然認為這千年光陰簡直虛度。這樣的刻板印象到處都有，例如改編自安伯托・艾可（Umberto Eco）同名作品的電影《薔薇的記號》（小說中文版譯為《玫瑰的名字》），裡面的配角，約爾格・德・布爾戈（Jorge de

Burgos）堅稱他所做的一切是在「捍衛知識」：「知識需要捍衛，我說的是『捍衛』，不是『探索』！因為知識的變遷不會帶來進步，時時虔敬地回顧才行！」

若還不抹去對中世紀的這種刻板印象，就相當於對眾多研究人員、史學家與考古學家累積的眾多證據視而不見，外加對那時於西方誕生的無數發明置若罔聞。我們常常會忽略一點：中世紀的世界不是只有歐洲而已，當時南邊和中東是正值黃金年代的伊斯蘭文明，遠東則是孕育出眾多發明的中國。史學家雷金．佩諾（Régine Pernoud）在一九七九年出版的《蓋棺論定中世紀》中，便是如此呼籲大眾。雖說後面介紹的例子，只是這間大型永續企業眾多貢獻中的一小部分，但其中不僅包含印刷術等真正影響現代的發明，還有像李奧納多．達文西（Léonard de Vinci）那種明明一輩子都活在中世紀，卻莫名其妙變成文藝復興時期的代表人物……真是太難理解了！

公元七〇〇年左右——

蒸餾器

阿拉伯人在公元八世紀初發明的蒸餾器在輾轉傳入西方後，變成家喻戶曉的工具！

雖說缺乏蒸餾器誕生年代的相關證據，但蒸餾技術可是很早就出現了。把液體加熱後，回收蒸氣在容器邊緣遇冷凝結成的水，這種小技術打從上古時代開始就有，先在美索不達米亞與埃及盛行後，希臘人也會了。亞里斯多德在《天氣學》（*Météorologie*）裡指出，此技術可用於海水淡化：「根據經驗得知，從海水蒸發出來的水可以飲用，海水氣化後再次凝結不會變回海水。」古代文獻有時會把能進行這種過程的容器稱作「ambix」（來自阿拉伯語的外來字），它應該是蒸餾器（alambic）的詞源。

蒸餾器差不多是在公元八世紀初誕生，不久後波斯學者賈比爾・伊本・哈揚（Jabir ibn Hayyan，西方人多以「賈比」（Geber）稱之）也提到此事。但當時的蒸餾器還無法做酒精蒸餾，得由公元九世紀的哲學家肯迪（Al-Kindi，亞里斯多德學派的主要人物，生於巴格達）與再下個世紀的醫師宰赫拉威（Abu al-Qasim，生於安達盧西亞）接力改良才得以成事。接著就傳到西方，變成煉金術士的必備道具，他們居然以為用這可以煉出長生不老藥！這也難怪蒸餾酒在當時會被稱為「生命之泉」（aqua vitae），這個外號我們到現在還在用，雖然不愛喝酒的聽了應該會很感冒……至於釀酒業的出現當然也是意料中事：蒸餾器溢出的酒香直達天際，這還不夠吸引人嗎？

十三世紀，佛羅倫斯的塔迪（Thaddée de Florence，本名Taddeo Alderotti）在《醫藥建議》一書中，建議每天早上都飲用一點「生命之泉」：在他眼中，這是「所有藥品的母親兼情婦」。十四世紀初，天主教教會樞機維塔．杜福（Vital du Four）在其著作《為了保持身體健康》（*Pro conservanda sanitate*）裡頭說得更誇張：「它可使人笑口常開、青春永駐；它可以舒緩牙痛、去除鼻腔異味、口臭或狐臭。若經常用它來漱口，可以消除喉嚨痛。它不但對憂鬱症、痛風、水腫都有相當療效，亦可消除耳朵痛、耳聾、治療瘻管下疳。它甚至還能消除膀胱或腎臟的結石。」這些優點還只是其中的一小部分！

—另見—

• 肥皂（公元前兩千年）

公元九〇〇年左右——

馬蹄鐵

……這是上古時代還是中世紀的發明？由於相關線索有點爭議，歷史學家和考古學家依然對馬蹄鐵的誕生年代沒有共識……

要給馬上蹄鐵前，得先把馬馴服……人類至少在公元前兩千五百年前就開始馴馬，這還是以前的研究人員好不容易才推測出來的。不過多虧英國一些大學在哈薩克北部鍥而不捨地調查，加上法國國家科學研究中心、國家自然史博物館的協助，終於在二〇〇九年把發明年代正式往回推了一千年：根據對骸骨的分析與陶器中殘留的馬乳脂肪，人類至少在五千五百年前就開始養馬了！

一旦開始騎馬，很快就會注意到坐騎的弱點：馬蹄的角質會隨時間自然磨損，耕田或頻繁移動等吃重工作，會使磨損情況加劇。多位古代作家都曾關切此事，像阿普列尤斯的《金驢記》（*Métamorphoses*）、維蓋提烏斯（Végèce）的獸醫論文《驢醫學》（Mulomedicina）

中都有提及。更古早的經典文學《奧德賽》也有相關情節，鐵拉馬庫斯（Télémaque）對涅斯托爾（Nestor）之子庇西特拉圖（Pisistrate）喚道：「起來，去找幾匹蹄厚一點的馬拴上馬車，準備出發。」就連聖經也有，以賽亞書第五章講到，「永恆的上帝」要將最可怕的大軍送到「地表」，以懲罰祂的人民（這都第幾次了！）：「他們的箭既快且利，弓也上了弦。馬蹄堅如岩石……」

不過上古時代的文獻中並沒有任何關於馬蹄鐵的紀錄，頂多只有用來保護馬蹄不受馬廄溼氣侵蝕，或在重要場合裝飾的「馬涼鞋」。老普林尼在《自然史》中提到，尼祿（Néron）的妻子波培婭（Poppée）曾想要給她的騾子穿金子打造的涼鞋……騎兵若真給戰馬穿上這種裝備去衝鋒陷陣，應該沒法活著回來吧！

至於馬蹄鐵的記載要過很久才出現：目前已知最早的是公元九〇〇年左右，拜占庭皇帝利奧六世（Léon VI le Sage）所著的戰術專書《戰術》（*Tactika*）第五章，而它也是在差不多的時間點開始出現在繪畫中。所以從種種跡象看來，這的確是中世紀誕生的無誤，但某些科學家仍堅持這是上古時代的發明。目前誰對誰錯還不知道，也許以後會發現更多考古或文獻證據來釐清這個問題。

—**另見**—

・金屬（公元前四千年）

公元九六五—一〇四〇年——

海什木

阿布·阿里·哈桑·本·哈桑·本·海什木（Abu Ali Al-Hasan Ibn Al-Hasan Ibn Al-Haytham, 965-1040）是中世紀的重量級學者，最著名的成就是發明暗室。

公元九六五年，海什木於什葉派轄下的巴斯拉（Bassora，於伊拉克）出生；在投身科學研究前，他先在這裡學習宗教思想與相關知識。由於他博覽群籍並在數學上有出色成就，聲望日益提高，連埃及都知道這號人物。一〇一〇年，法提瑪王朝（calife fatimide）的哈基姆（Al-Hakim bi-Amr Allah，公元九九六年繼位為哈里發）邀請這位大學者前去開羅解決一個棘手難題，那就是整治能帶來極大利益，卻又對他治下領土造成極大破壞的尼羅河的定期氾濫。

經過一段漫長的旅程後，海什木在自己精挑細選的工程師與工人的簇擁下抵達亞斯文，躊躇滿志的他打算在那裡建造大型工程以攔住河水。但他很快就發覺：當時的技術跟能動員的資源根本不夠讓他治水！而那位哈里發雖口口聲聲說自己是科學家的摯友兼贊助者，但在當時可是以殘暴聞名，直接告訴他這件壞消息可沒有好下場。為了不讓自己的人頭落地，海什木只能假裝自己腦子秀逗：回到開羅後，他乾脆在哈基姆面前裝瘋；這位哈里發決定留他性命，將他軟禁……

一點小犧牲換來大好處：海什木享受了十年的平靜時光，直到哈基姆在一〇二一年被殺為止；他在這十年完成了幾項重要著作，最著名的莫過於光學的重要論文《光學之書》（*Kitab fil Manazir*）。這部全七卷的巨作在一二七〇年被翻譯成拉丁文（書名為《*Opticae thesaurus Alhazeni*》，Alhazen是海什木的拉丁語稱號）後，西方世界也深受影響，從出版開始被奉為圭臬超過五百年。某些史學家認為這本論文是物理史上少數的關鍵著作之一，重要性不下於四百年後牛頓（Newton）在倫敦出版的《原理》。他們甚至斷言，海什木基於實證的研究，可以說是科學方法的雛型；以他的成就來看，就算稱他為現代科學的奠基人之一也不為過。

暗室（阿拉伯語拼音為「al-Bayt al-Muthlim」）是《光學之書》中最著名的發明之一。繼亞里斯多德幾百年前的初步光學觀察後，精通其思想的海什木，成了頭一個將影像從暗房外投射到內屏的人……後世能為這位一〇四〇年於開羅過世的偉大阿拉伯科學家做的是：把他留下的發明發展成攝影技術，讓他變成攝影術的祖師爺！

—**另見**—

・李奧納多・達文西（公元一四五二－一五一九年）　・攝影（公元一八二六年）

公元一〇四四年——

火藥

中國孕育出許多發明，其中一個著名的發明就是黑火藥，根據相關文獻應該是在公元一千年左右問世。

雖說黑火藥是中國發明的沒錯，但確切的時間地點卻眾說紛紜。某些史學家認為最早可追溯到漢朝（公元前二世紀至公元二世紀），但他們憑藉的證據其實不太牢靠；唐朝（公元六一八到九〇七年）比較有可能，但相關證據薄弱，很難讓人信服。所以一般還是將一〇四四年當成公認的火藥誕生年：那年北宋三名高官合寫了一本軍事著作《武經總要》，記錄了很多關於作戰的基本知識；書中提到火藥是由硝石、硫磺、木炭按比例調成，這也是最早關於火藥配方的文字記載。

書中將這種混合物稱為「火藥」，其危險性不言而喻。之後出現的文字記載也不厭其煩地重複類似的警語，並限制只能將它用在軍事上或節日慶典（放煙火）。當火藥中的三種成分被充分搗碎並均勻混合，光是一點小火星就能將它引爆。火藥很快就在中國發揮了強大的威力，無論是應付內戰還是對外作戰都所向無敵：十三世紀時，元朝的蒙古士兵在中亞地區就將它用於對波斯與阿拉伯的作戰中。相傳馬可．波羅曾在這個王朝開國君主（即偉大的忽必烈，成吉思汗的孫子）的宮殿裡住了一段時日，並在此學到火藥的配方，然後將它傳回歐洲……而這只不過是圍繞這個威尼斯商人的其中一個無稽之談罷了。

不管他當初有沒有插手，這個祕方都不可能被中國藏太久：被阿拉伯人學走後，便如同野火般快速流傳，並在十三世紀傳入西方世界，英國科學家羅傑．培根（Roger Bacon）是頭一位提到此事的人。伏爾泰在其著作《哲學辭典》（*Dictionaire philosophique*）中竭盡全力地譏諷「我們的羅傑」，並質疑他為何沒事要傳播這種發明。但這個哲學家應該只稍微翻過他的作品《大著作》而已：如果他曾看過其中一篇較不為人知的論文《關於自然與藝術奇景與魔法無效論的研究》，他會發現這位大博士居然還清楚地寫下黑火藥的配方：「硝石」、「硫磺」和「木炭」。

—另見—

• 坦克（公元一九一七年）

公元一三〇〇年——

眼鏡

眼鏡於十三世紀末在佛羅倫斯問世後，很快就征服了全歐洲的文青。

一開始其實很難釐清到底是誰發明了眼鏡；將已知的幾條線索綜合起來，佛羅倫斯人薩爾維諾·阿拉瑪蒂（Salvino d'Armati）的可能性最高。至今在大聖瑪麗亞教堂（位於托斯卡尼）依然可以看到某座墓碑，上面的碑文寫道：「眼鏡發明者，阿拉瑪蒂·佛羅倫斯長眠於此。上帝赦免他的罪過。一三一七年。」一三〇六年二月二十三日，宣教士法·佐丹奴（Fra Giordano）於該城的布道也支持這個說法：「二十年前誕生的眼鏡，改善了人們的視力。它可說是數一數二、有益也有用的藝術之一。對我來說，這個空前藝術其實不久前才誕生，我還記得發明它的人，甚至跟他講過話。」

不過別忘記，不管是碑文還是佈道都不能算是鐵打的證明！其他可能的候選人（可能性沒比較低）還有一大票：某些史學家把眼鏡的誕生歸功於方濟各會修士羅傑·培根，因為他在著作《大著作》（*Opus Majus*）中提到，他從一二六七年開始要借助玻璃透鏡才能閱讀……也許這位英國科學家說的只是放大鏡，這東西的原理在兩世紀前就被世人所知，但搞不好是「能改善雙眼視覺的透鏡」？

而自一三〇〇年代起，眼鏡逐漸開始在歐洲盛行，連某些藝術作品中的聖徒、傳教士或處女臉上都會掛著不搭調的圓框眼鏡！此時眼鏡製造很快就成為有利可圖的行業：威尼斯的玻璃製造商從一三〇一年起就將它們組裝起來，先是滿足修道院的需求，然後再供應給喜歡賣弄的世俗階層：鏡架與鏡盒的材質一開始還是木頭或牛角，但很快就改成貴金屬，並鑲上昂貴的珠寶。漸漸地，法蘭德斯、法國、英國、德國等地都開始有眼鏡工坊。

但此時眼鏡唯一能矯正的只有老花眼，因為當時的人只知道用凸面鏡矯正近距離的視野……而對於每天盯著手稿一整天的抄寫員來說，這種鏡片算夠用了！後話：隔了一個半世紀後，由於印刷術的發明，需要視力矯正的人多了十倍。而能滿足近視族需求的凹面眼鏡要等到十六世紀才姍姍來遲，自此他們才得以脫離「短視」的狀態。

另見
・火藥（一〇四四年）　・印刷術（一四五四年）

公元一三〇〇年——

機械鐘

由於機軸擒縱系統的問世，機械鐘於一三〇〇年左右誕生，西方的時間觀念自此被徹底改變。

雖說機械鐘的誕生年不太可考，但我們可以反過來看「至少到何時還未出現」。根據天文學家羅伯特．英格力圖斯（Robertus Anglicus）在一二七一年留下的手記，機械鐘那時還沒問世，不過應該快了：「製鐘的技師正設法做一個小輪子，使其運動週期與等分週期一樣長；但他們還沒成功。」這段敘述矛盾的是，怎麼東西都還沒發明出來就已經有名字了？這當中其實有點誤會：「鐘錶」（horologium）一詞泛指所有測量時間的工具，包括日晷、漏壺、星盤等，被這種定義上的模糊耍的歷史學家可不只一位！也有人認為「鐘錶」應該是在一二八四、一二九二、一三一四等年代誕生，因為機械鐘在這幾年分別出現在埃克塞特大教堂、坎特伯雷大教堂和坎城大橋，自此定時敲出的鐘聲迴盪在每個早晨！坎城的鐘上就留有如此美妙的題銘：

於我所在的城市（Puisqu'ainsi la ville me loge）
讓我在橋上報時（Sur ce pont pour servir d'auloge）
我會定時響起（Je feroy les heures ouïr）
讓百姓聽了歡喜（Pour le commun peuple resjouir）

為了方便起見，在發現決定性的新證據前，暫且將機械鐘的發明年代定為一三〇〇年。機械鐘之所以能定時運作，是因為內部有一整組齒輪搭配精巧的擒縱系統驅動鐘擺，這在當時是貨真價實的創新：機軸擒縱系統可抑制鐘擺的過度擺動，進而讓整個動作維持固定的節奏，因此機械鐘才能正常運作。而在雅克．勒．高夫（Jacques Le Goff）的眼中，變革不只局限在機械方面，被徹底改變的還有整個社會：「在教會影響舉足輕重的時代，商人和工匠為了便於從事世俗的活計，改採用更精確的機械鐘來計時。整個市鎮的作息不再遵循教堂的鐘樓指引，這在當時可是相當大的革命。」

法國馬上就察覺這項發明的重要性，因此查理五世（Charles V）在一三七〇年頒布法令，規定巴黎所有鐘樓都要遵照皇家宮殿（位於西岱島）的鐘塔校正，因為「國王才有權掌控時間」。雅克．勒．高夫補充：「世俗的時間自此由國家統一規定」，這樣可以在不影響市民生活下依舊維持國王的權威。不過克里斯汀．德．皮桑（Christine de Pisan）在其著作《睿智的查理五世：關於其事蹟與高尚品德》中透露，查理五世本人依然是用有刻度的蠟燭來規律自己的日常作息！標準的說一套做一套……

—**另見**—

・日晷（公元前一千五百年）　・鐘錶（公元一七三五年）

公元一三三八年——
沙漏

公元一三三八年左右於義大利問世的沙漏，由於生逢其時，很快就受到水手、宗教界，甚至藝術家的喜愛。

略懂沙漏運作方式的人應該會有個疑問：既然沙漏的原理跟漏壺差不多，那兩者的誕生年代怎麼會差了三千年？當然原因不是出在內容物上，埃及從來不缺沙子，這點眾所皆知！上古時代的建築師對沙子的流動性已經一清二楚，還利用此特性搬運石塊，以建造宮殿、神廟，甚至金字塔等建築。

真正原因是出在沙漏的容器而非內容物。玻璃的生產與吹製技術要進步到一定程度，才能製作出沙漏，這點上古時代還沒辦法；但中世紀的幾個生產重鎮已經有精良技術，其中又以義大利的威尼斯周圍與附近離島穆拉諾最為出色，這一帶的玻璃工藝在十三世紀可說是蓬勃發展。再者，沙漏上下兩個流沙池的密閉性、斜度與對稱性都需達到一定的標準，而在當時卻非易事：製作中間那條狹窄的沙子通道需要專門知識，還要找到方法調節內部溼度，以免沙子黏在內壁上。而沙漏的出現是為了滿足當時的環境與需求：跟漏壺相比，它對溫度變化不敏感（沙子不會在零度以下結冰），稍微放歪點也沒什麼關係（這點在海上尤其重要，因為船身容易隨波浪搖動）。這些因素導致沙漏較晚發明，應該比機械鐘還晚了幾年。

一般我們都將沙漏的誕生定在一三三八年，因為安布羅焦・洛倫采蒂（Ambroglio Lorenzetti）在那年於西恩納的人民廣場和平堂（Sala della Pace du Palazzo Pubblico）完成了壁畫《善政》。畫中有一名穿著漂亮藍色長裙的女性，右手拿著這個工具，左手則指著流到一半的沙子：這種掌控時間的形象不但隱喻了「節制」，可能也證明了西恩納當時擁有最先進的技術，因為工具得先被發明出來才有可能被人畫出來！而沙漏一問世就變成人們的愛用品，航海家靠它測量在海上花費的時間，修道士則靠它規律作息，裡頭的沙子則只會靜靜地往下落，不會打擾任何人……

—**另見**—
・漏壺（公元前一千五百年）・機械鐘（公元一千三百年）

公元一四五二—一五一九年—

李奧納多·達文西

達文西除了能將神話與現實交織的色彩完美地呈現在畫像中，他還是歷史上數一數二的發明家。

達文西的生平光靠幾行字就能講完嗎？當然不可能！他的一生與創作啟發了無數研究，每年都有新的相關研究出現，讓人們又（重新）認識這個佛羅倫斯的天才。此外，他的創作相當多樣化，多到每個時代、每個領域，甚至每個人都能分到自己那部分「達文西」：他將自己對大自然的觀察融入藝術作品中，科學家從中獲得啟發，開展出「仿生學」或「生物啟發」研究領域；上個世紀才出現的飛機，發明者也自認是承繼他的衣缽；建築師在他身上尋找理想城市的樣貌，工程師受他指引打造出不同的機器，軍隊利用其點子製作出可攻可守的武器，畫家、雕刻家、金匠等各行各業都毫不遲疑地跟隨他的腳步。

達文西的確是位出色的發明家，當談起人類在創作上的潛力時，腦海一定會浮現他的大名。雖說達文西一生都在中世紀度過，但由於其作品的本質、靈感的來源，還有一再重複的主題（儘管有些人不太喜歡），他就莫名其妙變成這段劇變時期——歐洲文藝復興的象徵（這時代才沒人管你抄襲還是致敬）！同時期的著名人物，哥白尼（Copernic）與伽利略（Galilée）等人改變了我們對世界的看法，達文西則是用更好的角度觀察世界……

達文西最擅長的就是觀察：他生於一四五二年的文西鎮（於義大利托斯卡尼），當時還是佛羅倫斯共和國的領地，因此他從十三歲起就在安德烈．委羅基奧（Andrea Verrochio）的畫室裡受訓並磨練畫技，然後自立門戶獨立作畫，並成為著名公會「聖路加」的成員之一。他對人體解剖學的熱情從畫作中便可看出，手眼必須搭配得恰到好處才有可能畫出這種作品。派崔克．布歇隆（Patrick Boucheron）和克勞迪奧．喬爾喬涅（Claudio Giorgione）在最近出版的《李奧納多．達文西：自然與發明》中，提到他的這項特質：「達文西不是單純畫出自己看到的東西，而是理解自己看的東西。」這種超群的才華，很快就吸引當時名人爭相招攬，包括米蘭的盧多維科．斯福爾扎（Ludovic Sforza）和羅馬的切薩雷．波吉亞（César Borgia）。而在生命中的最後三年（一千五百一十六-一千五百一十九），他受法國國王法蘭索瓦一世（François Ier à Amboise）之邀移居昂布瓦斯。國王在此處買下他的曠世名作《蒙娜麗莎》（Joconde），畫中的女子不但擁有讓國王著迷的神祕微笑，那令人捉摸不透的眼神更讓眾多仰慕者為之瘋狂……

—**另見**—

・仿生學（明日）

公元一四五四年——

印刷術

十五世紀中葉於古騰堡印製的《古騰堡聖經》（亦稱《四十二行聖經》），可說是全人類歷史上重要的里程碑。

歐洲人普遍認為印刷術是約翰尼斯．古騰堡（Johannes Gutenberg，約1400-1468年）發明的，但事實並非如此。雕版印刷（xylographie，xylon是木頭的希臘語）約在一千年前就已在中國盛行：將圖像和文字刻在木板上後，上墨印製文件。儘管製造過程繁瑣，對工匠來說技術門檻也較高，卻導致了意想不到的結果：至少在十八世紀前，這種技術在遠東地區都是主流。

古騰堡在一四五〇年後做出重大改良，把雕版改成金屬製的活字，然後將活字依照內容排版成一整頁。跟雕版相比最大的優點是，活字可以換：萬一排版錯誤，只要把錯誤的字母換成對的就好，不需要整頁重刻。排版完成後就能開始大量印製像《古騰堡聖經》之類的書，不過這些書從排版到印製也要花上三年多的時間。於公元一四五四年（根據文獻記載是一四五五年）出版的《古騰堡聖經》之所以舉世聞名，是因為它象徵西方世界，甚至是全人類歷史上的突破。但這位德國發明家到底是如何掀起這場巨變的呢？由於古騰堡本人的生平不太為人所知，這個問題很難回答；不過印刷術誕生後，墨水消耗量越來越大，這點倒是毫無疑問。

古騰堡於十四世紀末出生於美因茲（德國），曾在某個以精密冶金聞名的地區受過金匠養成訓練。他在一四三〇年因政治動盪不得不移居史特拉斯堡避難，並在那兒開了一間製作金屬鏡的工作室。他應該就是在此時意識到機械印刷的巨大商機，並且考慮著手發展：當時手抄本主要是由修道院製作，雖說十二世紀開始，民間的抄寫工作室也逐漸盛行，但由於知識的深度與廣度逐漸提高，光靠人工抄寫無法滿足當時社會日益膨脹的需求。因此古騰堡毫不猶豫地舉債籌措所需資金，歷史學家能證實這點是因為……他後來被投資人約翰·福斯特（Johann Fust，美因茲商人兼銀行家）控告並要求還錢，整個訴訟紀錄都被完整保留下來。

活字印刷並未立即帶給其發明者冀望的成功，他生命的最後幾年極度困頓。改變了世界，最後卻落得如此下場！

—另見—

•鏡子（公元前六千年）　•金屬（公元前四千年）

•墨（公元前三千兩百年）　•紙（公元一〇五年）

近代

我們一般將十六、十七、十八世紀歸為「近代」，這段時間的發明史其實比較像「革命史」……只要深入了解就知道為何如此！不是每種革命都像政治革命那樣以急遽的撕裂展開，大多可用單一事件代表，像是一七八九年七月十四日的「法國大革命」，與一九一七年十月二十五日的「十月革命」；有些革命純粹是一連串因果引起的漸進轉變，天文學革命就是一例。

亞歷山大·夸黑（Alexandre Koyré）首先在其著作《伽利略研究》（一九三〇年代末出版）中提出「科學革命」一說，之後托馬斯·庫恩（Thomas Kuhn）也在一九六〇年代初出版的《科學革命的結構》中沿用同一概念。史學家從幾十年前開始，就審慎地回顧了從哥白尼到牛頓的這兩個世紀，並重新思考加斯東·巴舍拉（Gaston Bachelard）所強調的「認識論障礙」與「認識論破裂」的概念。然而這些學者並未低估科學思維上與實踐上的劇變，尤其是對於西方的衝擊，從當時的主要發明可看出此劇變帶來的影響：除了顯微鏡、望遠鏡、氣泵、計算機以外，還有溫度計、氣壓計、精密鐘等測量儀器，這些發明在科學史或技術史上都有一定的地位。

至於工業革命的論述就更早了，一般認為在十八世紀左右就開始成形，但在一八三〇年代才由法國經濟學家奧古斯特·布朗基（Auguste Blanqui）正式提出。從此角度來看，最關鍵的成就莫過於一六八七年的丹尼斯·帕潘（Denis Papin）與一七六三年的詹姆斯·瓦特（James Watt）相繼對蒸汽機進行的設計與改良；其他如織布機、軋棉機等機械也參與了這場緩慢的革命；這時剛誕生的汽車與電池也算盡了一份力，它們似乎已經先為下一場以石油與電力為中心的工業革命預備。

至於要如何找到串起這一場場革命的那條線？也許勒內·笛卡兒（René Descartes）在一六三七年出版的《談談方法》（*Discours de la méthode*）中已有解答：他堅持人類是靠「了解火、水、空氣、星星、宇宙等周圍所有物體的力量和行為」，然後設法利用，以便最終能「掌握並統治大自然」。

公元一五二六—一五八五年—

塔居丁

身兼科學家與工程師的塔居丁（Taqi Al-Din），是穆斯林世界最大，也是最短命天文台的幕後推手。

公元一五二六年，塔居丁．穆罕默德．伊本．馬魯夫．阿沙米．阿薩迪（Taqi al-Din Muhammad ibn Ma'ruf ash-Shami al-Asadi）於大馬士革出生，一開始研究神學，後來才對精確科學感興趣。之後他前往開羅繼續研究工作，並在二十五歲時出版了《超自然機械的偉大技巧》一書，裡頭介紹了幾種非凡的裝置，包括使用不同能量的水泵。由於在運用蒸汽動力方面有著豐富的知識，他不但被視為「亞歷山卓的希羅」的再世，更被尊為汽缸和活塞引擎的先驅。這位年輕的科學家在光學方面也頗有建樹，《塔居丁的光學之書》讓他聲名遠播。

一五七〇年代初，他受鄂圖曼帝國蘇丹塞利姆二世（Selim II）之邀前往伊斯坦堡，擔任御用天文學家。鄂圖曼帝國在前任蘇丹蘇萊曼一世與他的統治之下正值強盛時期：其大軍剛兵臨維也納城下，對突尼西亞、葉門和賽普勒斯的作戰也都拿下勝利。但同時也吃了第一場敗仗：一五七一年的勒班陀戰役中，對抗教宗庇護五世（Pie V）倡導的「神聖同盟」，導致土耳其艦隊被西班牙、威尼斯、熱那亞和教宗國的聯合艦隊擊敗。塞利姆二世於一五七四年去世後，繼任者穆拉德三世（Mourad III）對塔居丁的表現相當認可。在加拉達塔樓頂繼續自己研究的同時，塔居丁成功說服蘇丹建造新的天文台，以取代兀魯伯（Ulugh Beg）在上個世紀初於撒馬爾罕蓋的舊天文台。

工程從一五七〇年代中期開始於金角灣北岸的投方恩興建。塔居丁憑藉其豐富的天文、光學與機械知識，製造了一部分設備，其中包括高精度的機械鐘。這座新的天文台不但是目前為止穆斯林世界中最大的天文台，也常被拿來與當時第谷·布拉赫（Tycho Brahe）在丹麥烏蘭堡建造的天文台相提並論。塔居丁得以在一五七七年與他的丹麥同好相隔兩地凝視同樣的星空，看著「大彗星」從眼前劃過。然而，由於一些不明原因（某些史學家提出一些證據薄弱的說法，像是宗教對立或政局緊張等，但都缺乏相關證據），穆拉德三世決定自一五七九年關閉天文台，並於隔年將它拆毀。但塔居丁依然受其優待，得以繼續自己的研究直到一五八五年去世。

—另見—
・機械鐘（一三〇〇年）・望遠鏡（一六〇八年）

公元一五九七年——

溫度計

覬覦「溫度計之父」名號的人不少，不過這裝置最初是伽利略從十六世紀末進行的一項實驗中想出來的。

是誰發明了溫度計？伽利略當然是頭號候選人：他從某次實驗中發現空氣會熱脹冷縮，因此發明了一種「測溫器」：將接有細長玻璃管的玻璃球裝滿水後倒置，便可從液面高度得知空氣溫度的變化……根據他的學生溫琴佐．維維亞尼（Vincenzo Viviani）所述，這種裝置於一五九七年問世，數學家貝內得托．卡斯泰利（Benedetto Castelli）在一六三八年九月二十日寫的信中也證實此事。不過歷史學家之間的口水戰尚未結束：根據不同資訊（通常不是第一手的，所以可信度非常薄弱），真正的發明人可能另有其人。

因為後人很難得知伽利略是否真的把觀察到的物理特性化為實際能用的裝置，所以「溫度計之父」的名號有可能落在別人頭上。醫師桑托里烏斯（Sanctorius, 1561-1636）是可能人選之一，因為他曾在一六〇八年描述一種刻有刻度、可察覺溫度變化的裝置。巴托洛梅歐・特里烏（Bartolomeo Telioux）也有機會，一六一一年他在羅馬出版的《了不起的數學家》中提到一種「由兩個小玻璃瓶組成的裝置，在加熱或冷卻時可用來得知每分鐘溫度的變化。」但支持特里烏的人面臨一個嚴重的問題：他們靠著手上薄弱的線索找到的是一位奧爾良大學法學博士，兼蒂耶爾的聖熱內教堂法政牧師——巴特雷米・特里烏（Barthélémy Thelioux），但其人其事已經沉沒在歷史的洪流中！

不過這些原始裝置都有一個主要缺點：露天使用時，對大氣壓力的變化過於敏感，只要換個地方擺，結果就會不同（也就是說，這並不全然是高度差所致，布萊士・帕斯卡以後會重提此事），這也有可能是受當地的天氣變化影響（這個問題要等氣壓計誕生後才能解決）。歸根究柢，頭一位想到要密封整個裝置的人，應該才算是溫度計真正的父親吧？必要的話，可以從托斯卡尼大公，也就是斐迪南二世（Toscane Ferdinand II）身邊的人開始查起，應該是在一六四〇年代左右。因為最早與周圍空氣隔絕、內部保持恆壓的測溫裝置，就在佛羅倫斯的彼提宮裡。一開始是裝水，後來換成酒精，最後接受天文學家愛德蒙・哈雷（Edmund Halley）的建議改用汞（水銀），德國科學儀器製造商丹尼爾・華倫海特（Daniel Fahrenheit）也於十八世紀初用同樣的方法製作溫度計。之後，由於早期的溫度計刻度採用華氏溫標，刻度較細，使用起來也不直觀，瑞典天文學家安德斯・攝爾修斯（Anders Celsius）在一七四二年提出一種基於水的凝固點（0℃）與沸點（一〇〇℃）的溫標（即攝氏溫標），後來被廣為使用。

—**另見**—

・氣壓計（公元一六四三年）

公元一六〇〇年——

顯微鏡

……公元一六〇〇年問世的顯微鏡，為人類的雙眼開啟了通往新世界的大門。……

顯微鏡的發明跟它的近親折射望遠鏡一樣，是人類智慧的其中一齣動人曲折的情節……讓我們開始懷疑自己對「進展」的概念是不是對的。古希臘人早已在光學領域進行了深入觀察，最早的當屬公元前三百年的歐幾里得。古羅馬人則針對其中一部分繼續延伸：塞內卡（Sénèque）在他的《自然問題》（*Questions naturelles*）中提到，透過裝滿水的玻璃瓶觀察另一邊的微小字母，會發現字看起來變大。不過塞內卡並沒有因此發明出眼鏡，這東西還要再過十二個世紀才出現，然後再過三世紀顯微鏡才得以問世。不過別因此把斯多葛派的哲學家想成白痴，要知道所謂的發現，總是跟其背景與一連串的條件有關，而其背後的複雜性與變化卻常被人忽視……

不過史上第一台顯微鏡的確出現在十六世紀末，當時的設計是將兩塊凸透鏡對齊前後放置組成物鏡，以顯示觀測物的倒立放大實像，再用雙眼透過目鏡觀測其虛像。但這點子是誰想出來的？這幾個人都有可能：漢斯．楊森（Hans Janssen）或其子查哈里亞斯（Zacharias Janssen）、漢斯．李普希（Hans Lippershey）、雅各．梅提斯（Jacob Metius），或以上幾人的同事、同鄉，甚至是同年代的人，因為顯微鏡肯定是（或幾乎是）……約公元一六〇〇年，由荷蘭某家眼鏡製造商發明的。

至於相關文獻記載出現較晚：最早的記載是某位外交官與詩人康斯坦丁．惠更斯（Constantin Huygens）來往的書信，該信以法文寫成，於一六二二年三月三十日從倫敦寄出，他在信中告知父母剛買到一副「德貝爾的眼鏡」。這裡提到的德貝爾，全名為科尼利厄斯．德貝爾（Cornelius Drebbel），他也是荷蘭的眼鏡製造商，當時才剛移居英國，並開始組裝和銷售科學儀器；而這裡的惠更斯則是著名天文學家克里斯蒂安．惠更斯（Christiaan Huygens，他要再等幾年後才會出生）的父親。這樣看來，只能說這世界真的很小！之後，顯微鏡使科學家能夠進入前人從未踏足的世界，並產生非凡的新作品；例如《顯微圖譜》，其作者羅伯特．虎克（Robert Hooke）是第一個觀察跳蚤的眼睛的人。這發明不僅掀起真正的革命，「細胞」一詞也跟著出現，這個詞對生物學家來說依然寶貴……

—另見—

• 眼鏡（一三〇〇年）
• 望遠鏡（一六〇八年）

公元一六〇八年——望遠鏡

一六〇八年於荷蘭眼鏡製造廠誕生的望遠鏡，為人類上了嚴肅的一課：宇宙並非以我們為中心！

說起望遠鏡的起源，首先得修正大眾錯誤的認知，真的不是伽利略發明的！拜讀一下他於一六一〇年三月寫的《星際信使》（*Sidereus Nuncius*）就能真相大白：「十個月前，我聽說某位比利時人製造了一台『望遠鏡』；即使物體遠在天邊，只要透過這個裝置就能清楚觀測，彷彿近在眼前。」根據這位科學家留下的線索，歷史學家漸漸摸索出真相。文中說的「某位比利時人」其實是荷蘭人，比較有可能是望遠鏡之父的有三位，跟前面提過的顯微鏡一樣，他們都是眼鏡製造商：漢斯．李普希的工作室在米德爾堡，他在一六〇八年九月向澤蘭省省長展示了一台類似裝置；一樣在此處開業的查哈里亞斯．楊森（Zacharias Janssen），在同年於法蘭克福商展賣這種觀測儀器；最後是阿爾克馬爾的雅各．

梅提斯（Jacob Metius），他在隔月正式為這項裝置申請專利……總之，至少可以確定一件事：望遠鏡在一六〇八年於荷蘭問世！

當然這項發明絕非憑空從天而降：三位同行在同時宣稱自己才是第一個製造望遠鏡的人，這證明它的確是在當時誕生。上古時代的塞內卡在著作《自然問題》中就提過，某些透鏡可將物體影像放大；西方與其他世界也繼續研究此現象，其中最重要的莫過於海什木在公元一千年左右發表的光學著作，而眼鏡還要等三百年後才出現在義大利……結果十七世紀初突然有一群人不約而同地把鏡片組合起來以放大影像，這怎麼可能只是巧合？其實之前可能也有人嘗試組合鏡片，但受限於鏡片品質無法發揮應有的能力；自十六世紀末開始，鏡片的製程已有長足進步，大大提升了透明度，組合鏡片變成可行的方案：一片負責將光線聚集在「焦點」附近，形成實像；另一片（較小的）則就像放大鏡一樣，將此實像放大（光學來說就是虛像）……之後「望遠鏡」（télescope）一詞才出現，它是由兩組希臘字根組成：「télé」是「遠處」，「scope」則代表「觀察」。（不過法語是將「折射望遠鏡」（lunette astronomique）與「望遠鏡」（télescope）當成不同的東西：前者的原理就如前所述，後者則是用反射鏡聚集光線。）

那伽利略呢？他的貢獻相當大：他用自製的望遠鏡進行天體觀測，先是在一六一〇年觀測到木星周圍有幾個衛星繞著它轉，然後發現天體運動並不是都繞著地球轉！不過那又是一段很長的故事……

—**另見**—

・海什木（九六五—一〇四〇年）・眼鏡（一三〇〇年）・顯微鏡（一六〇〇年）

公元一六四二年——

計算機

計算機百分之百是法國人發明的！它是為了改善稅收而於一六四二年誕生（這目標的確很法國）……

雖說世人總是不斷強調「勤能補拙」，但某些人就是永遠也無法搞懂數學；但也有人似乎生來就有如此的天賦，生於一六二三年的布萊士．帕斯卡（Blaise Pascal）就是其中一位，他是克萊蒙（奧弗涅大區）的法官貴族家族的一員。當然，他的生平事蹟圍繞著不少傳奇色彩。保羅．瓦樂希（Paul Valéry）已經開示過：「人們為他寫了一大堆書，在他身上投射太多想像，一廂情願地把他當成悲劇人物。」他的傳記內容也讓人匪夷所思：十二歲就能讀懂歐幾里得的《幾何原本》？不過也有些已經證實是真的，像是在十六歲時寫出《圓錐曲線專論》，以及在三年後開發出史上第一台機械計算機「帕斯卡林」（Pascaline）。

一六三九年，這位神童的父親艾提安．帕斯卡（Étienne Pascal）被諾曼第省總督任命為監察官，負責徵收稅款，這是薪水豐厚但極度乏味的職務。三歲便喪母的布萊士不忍見到父親終日在數字堆中掙扎，因此著手設計一種能減輕其辛勞的算術機器。最初的原型於一六四二年誕生，每位數背後各有一組齒輪在運作，可以將輸入的數字加總。主要的困難在於如何實現進位，這得用環環相扣的齒輪系統來解決：當該位數（個、十、百、千……）已經轉到「九」，那下次轉動時必須能牽動前面的位數，這樣九加一才不會變成〇，而是十；而九十九加一的結果當然得是一百，而不是九十，以此類推。直到最近依然有很多裝置都採用帕斯卡的設計，例如車子上的里程表（在電子設備出現前）。

但是稅這種東西不是只要加起來就好：有時候還得「加倍」！偶爾還得用減法甚至除法（雖然對納稅人來說非常少見）……「帕斯卡林」後來的改良機型將這些運算都考慮進去：把原有的加法邏輯稍微轉個方向就成了減法；至於乘法比較複雜，得用連加的方式，除法大概也只能用乘法或減法的組合邏輯來操作。一六四五年，發明人將這台「不用筆或珠算就能做四則運算的機器」獻給法國首席大法官皮埃爾・塞吉埃（Pierre Séguier）：那台機器被收藏在巴黎的工藝美術博物館並公開展示，去了就能看到。

—**另見**—
・電腦（一九三六年）

公元一六四三年——

氣壓計

某些東西的誕生始末真的讓人意想不到，一六四三年問世的氣壓計就是如此，靈感居然是來自佛羅倫斯噴泉中的水泵。

氣壓計的歷史要從佛羅倫斯的阿諾河畔說起。當時維護噴泉的技師們發現，不管怎麼調整泵，都無法把河水抽到超過一定高度（十公尺左右）。為了解開此謎團，這座城市在一六四〇年代初就邀請當代最知名的科學家前來相助，那位科學家就是伽利略。但遺憾的是，這位學者當時已屆日薄西山，並於一六四二年撒手人寰，謎團依然未解。但他其中一位學生埃萬傑利斯塔．托里切利（Evangelista Torricelli, 1608-1647）在接手這份工作後，做了大膽的假設：水無法繼續上升是受空氣壓力所阻！這麼說，空氣有重量嗎？沒錯！托里切利認為：「我們生活在空氣組成的汪洋中，而根據可靠的實驗結果，證明空氣有重量。」

托里切利以他的才華在一六四三年設計出這個「可靠的實驗」。他改用汞（水銀）為材料，因為汞的密度是水的十三倍，整個設備的尺寸可以縮小很多。將管子裝滿水銀，封閉開口後倒過來直直插入盛了水銀的盆子，再把開口解封：他發現管內液面始終維持同樣高度（約七十六公分），而非全都流進盆子裡。實驗結果顯示，盆內水銀液面上的大氣壓力阻止管內的水銀流出來，這表示空氣的重量與水銀的重量剛好達到平衡！托里切利就是這樣發明了氣壓計……雖說此時還沒想到可以拿來幹什麼。

幾年後，布萊士．帕斯卡（Blaise Pascal, 1623-1662）取得決定性的進展。在詳讀那位義大利科學家的研究後，這個法國人就在巴黎的聖雅克塔頂端與底部各重做一次實驗，並委託其姐夫弗洛里安．佩里耶（Florien Périer）在奧弗涅的克萊蒙費朗（位於多姆山省）做了相同的實驗。從所有實驗結果可歸納出，托里切利管中的水銀液面會隨著海拔高度增加而降低。帕斯卡將實驗結果整理成《來自空氣質量的重力》一文後發表，其中還提到另一個重大現象，不過那是氣象學的範疇：當一個地方氣壓開始升高，不但汞柱會因此升高，天氣也會開始轉為暖和乾燥；一旦汞柱降低，就表示天氣要開始轉壞。不過這些明察秋毫的實驗人員都沒料到的是，在測量空氣重量的同時，自己也暴露在有毒的水銀蒸氣中。幸好現代的氣壓計已經不需要用到汞了。

—**另見**—
・溫度計（一五九七年）

公元一六五九年——

氣泵

於十七世紀中葉誕生的氣泵，是西方「科學革命」時期的指標性發明之一。

我們先來想想：比輪胎還早兩個多世紀出現的氣泵（空氣幫浦），在當時（一六五〇年代）可以拿來做什麼？（題外話，從十九世紀末起，腳踏車跟汽車車胎也不再用這種氣泵打氣了。）發明它的人當初可是野心勃勃，想用它為瞬息萬變的科學製造出一種新的實驗空間，這種空間就是真空，而這個工具也因此成了十七、十八世紀「科學革命」的象徵之一。雖說專家學者們對「科學革命」的概念還有一些爭議，但科學實踐在這段期間的確發生重大轉變。氣泵的基本原理是德國人奧托·馮·格里克（Otto von Guericke）研究出來的，而史上第一台氣泵則是愛爾蘭人羅伯特·波以耳（Robert Boyle）做的。這個裝置是將一個約三十公升的玻璃容器（應該是當時玻璃製造商能做出的最大容量），套上一個裝有旋塞閥的銅頸，銅頸另一端則接上一個內有活塞的圓柱，只要持續伸縮活塞，就能將空氣從容器中抽出。為了做出成品，這位英國科學家使出渾身解數，用盡各種心思，並不厭其煩地進行多次改良，以確保整體的密閉性。

技術並非唯一關鍵。史蒂文・謝平（Steven Shapin）和賽門・夏佛（Simon Schaffer）合著的《利維坦與氣泵》正是描述這個科學史上的關鍵事件，裡面有敘述到：「這台機器能生成多好的真空，基本上取決於整個設計的完善程度，更確切地說，是取決於其密閉性，這是大家公認的事實。」羅伯特・波以耳經由演示真空的存在，捍衛這個前所未有的科學方法：他「堅信在自然哲學中，真正的知識應該是從實驗得來，一切都要以能經得起實驗驗證的結果為基礎。」真正的科學因此誕生，並一直發展到今日！但當時也有些知名人士強烈抨擊此觀點，批評最力的當屬哲學家湯瑪斯・霍布斯（Thomas Hobbes）；對他來說這不算真正的知識，因為世上沒有任何實驗裝置可以達到足夠水準，以確保結果的可信度。他在一六六一年出版的《與物理學家的對話》中指出，波以耳與其同黨「不過是用新穎的機器來展現他們的空虛與膚淺，就跟賣門票展示稀有動物一樣。」

這場爭論並非如表面上那麼沒意義：與科學最新的進展相比，實驗本身更需要一再重新檢驗，到今日仍是如此，也許今日更該如此……

—另見—

・氣壓計（一六四三年）

公元一六八七年——

蒸汽機

丹尼斯·帕潘（Denis Papin）於一六八七年發明的「水蒸氣機」，可以被看成是蒸汽機的原型……但還有爭議！

引發第一次工業革命的蒸汽機，經常被視為人類歷史上的關鍵發明之一，但它至今仍被不少謎團圍繞著；其中最具爭議的問題，應該就是「蒸汽機之父」到底是誰，即使相關文章一篇一篇地出，卻依然還未蓋棺論定：候選人包括丹尼斯·帕潘、湯瑪斯·紐科門（Thomas Newcomen）、詹姆斯·瓦特（James Watt），但在一世紀發明出運用蒸氣動力的「汽轉球」的亞歷山卓的希羅卻不在名單上……當然每個人的論點與傾向都不同（他們也不會老實說是某些沙文主義作祟，所以才支持某某人）。此外，這個裝置跟很多發明一樣，在誕生時還無法找到對應的科學根據來解釋：要等到一八二四年，薩迪·卡諾（Sadi Carnot）的著作《論火的動力》（*Réflexions sur la puissance motrice du feu*）問世，熱力學的發展才就此突飛猛進。也就是因為如此，它的起源被蒙上了一層浪漫色彩，像是業餘人士歪打正著剛好中頭彩之類……但只要了解詳細始末，就會發覺根本不是那麼一回事！

丹尼斯・帕潘的生平就是證據：他於一六四七年出生在希特奈（Chitenay，法國盧瓦—謝爾省，布盧瓦區）的一個喀爾文主義家庭。二十四歲時先在科學院，於著名物理學家惠更斯（Huygens）手下工作，然後前往倫敦加入羅伯特・波以耳的團隊，他也在此處成為享有盛譽的皇家學會一份子。但在《南特敕令》被廢除後，他離開法國轉往德國，然後被聘為馬爾堡大學教授，這時輪到著名的數學家萊布尼茲（Leibniz）提攜他了……而後帕潘因對真空的研究而成名，所以在為黑森大公（duc de Hesse）設計蒸汽機時，他可不是像吉羅[5]（Géo Trouvetou）那樣的菜鳥。他在一六八七年為回憶這段往事所寫的《新型水蒸汽機的說明和使用》中指出，這種能改善抽水能力的裝置，應該要廣為配置在公國內的花園或礦山的噴泉，以因應頻繁的水患。這種機器比較接近裝了水的垂直圓柱汽缸，頂端的活塞可將內部氣體釋放到大氣壓中：當缸內水受熱，活塞就會被蒸氣推高；溫度下降時，活塞又會掉回去。

5 《唐老鴨俱樂部》中的角色，是位半路出家的發明家（譯注）。

但是這種小型的引擎仍處於實驗階段，不但缺點一堆也很耗燃料，所以很快就被放棄了。史上第一台蒸汽機雖說如同曇花一現，不過英國人湯瑪斯．紐科門從一七一二年起繼續接手改進，詹姆斯．瓦特也於一七六三年加入改良行列，使得蒸汽機發展日趨成熟。

—**另見**—

• 氣泵（一六五九年）

公元一七〇六—一七九〇年——

班傑明·富蘭克林

班傑明·富蘭克林（一七〇六—一七九〇）的一生，扮演了科學家和政治家兩種角色，但這兩種角色背後的關係很密切……

一七〇六年，富蘭克林誕生於麻州波士頓，所以他不是法國人。這不是廢話嗎？非也，這位有高尚人格的啟蒙哲學家跟伏爾泰的祖國[6]關係可大了，他是受法國人尊崇的少數外國人之一。直到今天，依然有很多人尊稱他「帕西的賢者」：帕西位於巴黎西部，現在隸屬巴黎市，他曾在此居住過。那邊有條主要幹道以他的名字命名，還有一座為紀念他兩百歲誕辰而製作的雕像，上面刻有米拉波（Mirabeau）的頌詞：「解放了美國，並將光芒傾注歐洲的天才！」而他的母國英格蘭相形之下就沒那麼熱情了，原因應該不難想

6 就是法國。（譯注）

像……富蘭克林會名揚四海，主要是因為他是美國開國元勳之一，關於這方面真是說也說不完！這個新國家剛誕生之際，所有跟建國有關的重要法案上，都有他的大名與筆跡：一七七六年的《美國獨立宣言》、一七七八年的法美同盟、一七八三年與英國簽署的《巴黎條約》（象徵美國起義者的勝利），最後是稍微不重要的……一七八七年的《美國憲法》（美國「最高法律」）。

富蘭克林之所以在歷史上享有崇高的地位，部分要歸功於他在開始政治生涯與外交事務前的名聲。從一介平庸蠟燭商人的兒子，成為費城暢銷報紙的出版人，並發行了頗受大眾歡迎的《窮理查的年鑑》（*Poor Richard's Almanack*）。一七四八年，錢賺夠了，就把這門生意結束了，但他母親反對。在母親過世後他為此反駁：「我寧願被世人說『人生有意義』，而不是『死時很富裕』。」他從科學找到自己人生的意義，透過一系列的電學實驗，使大西洋兩岸的科學家與大眾爭先恐後探究此領域。與電學相關的第一篇著作《電力實驗與觀察，撰於美國費城》於一七五一年出版，其中收錄了寫給人在倫敦的植物學家好友彼得．柯林森（Peter Collinson）的信，此書也讓他於一七五三年受頒皇家學會（他三年後才加入）的科普利獎章。那時富蘭克林已經創造出他最著名的發明——避雷針；將一根很長的鐵棒用導線連接到地面，就能將危險又致命的閃電導向他處。全人類因此裝置均能受惠，其發明者當然值得普天下尊敬。杜爾哥（Turgot）曾說（某些資料認為其實是朗貝爾說的）：「他摧毀了天堂的閃電跟暴君的權杖」……對班傑明・富蘭克林來說，他的確集科學與政治於一身！

—**另見**—
・風箏（公元前三千年）
・電池（一八〇〇年）

精密鐘

精密鐘的發明通常都用一個名字和日期帶過：約翰．哈里森（John Harrison），一七三五年……但這只是現實的一小部分！

從古早的漏壺問世開始，悠久的時間測量史也隨之展開；繼機械鐘於十四世紀出現後，精密鐘也正式加盟。然而，若考慮它們誕生當下的背景與技術進展，那麼精密鐘的出現，其實剛好反映了十七世紀科學發展面臨的新問題。對此，亞歷山大．夸黑在《哲學思想的歷史研究》中亦指出：「自古以來，追求計時儀器的精確度，都是為了科學本身的發展。」從伽利略開始，時間就被視為一種可以放進方程式的物理變量，所以在科學上的確相當重要。

法國的馬蘭．梅森（Marin Mersenne）與義大利的喬萬尼．巴蒂斯塔．里喬利（Giovanni Riccioli）等學者也跟隨這位比薩人的腳步，另開闢出一番天地。但最出色的當屬克里斯蒂安・惠更斯於一六五七年做出的決定性貢獻：他根據新的單擺運動定律來製造擺鐘，用他自己的話說，就是「既然運動如此規律，若把它帶到海面，應該可以用來測量經度。」

科學當時面臨著威信與貿易的挑戰：得開發出一種精密測時儀器，能在出海時先記下出發時間，等船開到海上後，再將當下時間方位與出發時比較，如此就能測量經度。當時經度對船員與他們背後的經營者來說，是個超級棘手的問題，但由於當時的測時裝置對外在環境太過敏感，變幻莫測的天氣對其影響尤甚：即使是溫度或壓力的微小變化也會干擾其運作，所以估計結果也會受影響。即便到了一六七五年，專為解決經度問題而設的格林威治天文台，依然主張以觀測月球運動的天文方法來測量經度。

在多人前仆後繼的努力下，這個問題在六十年後終於被一位醉心於鐘錶的木匠解決，他就是英國人約翰・哈里森：受到英國、法國等國提供的巨額獎金吸引，他在一七三五年製造出史上第一款航海用精密鐘。整個裝置重達三十五公斤，並在隔年於往返里斯本的航線上進行測試（去程搭HMS Centurion，回程搭HMS Orford）。由於結果不算完美，他在接下來的幾十年都得不斷在英吉利海峽兩岸穿梭，以求完善這個裝置。最後結局當然是有志者事竟成：一七七二年，著名的船長詹姆斯・庫克（James Cook）就帶著精良的航海鐘，開始了第二次探索南半球之旅……

—另見—

・漏壺（公元前一千五百年）　・機械鐘（一三〇〇年）

公元一七五二—一八三四年—
約瑟夫—瑪力·雅卡爾

說到跟工業革命有關的法國發明家，那一定不會漏掉雅卡爾。但我們卻對其傳奇背後的真相一無所知……

翻遍所有關於雅卡爾生平事蹟的書後，會發現都是千篇一律：人稱「雅卡爾」（Jacquard）的約瑟夫—瑪力·夏爾（Joseph Marie Charles, 1752-1834）是一位平庸的里昂紡織工人之子。由於對繁重的絲織品加工過程瞭若指掌，他得以於十九世紀初發明了半自動織布機，可用打孔紙板來決定對應位置是否要穿過經線；這種設計使工人可獨立完成工作，而以往用來織布的「提花機」則需要靠兩人合力才能織出布來。但由於里昂的絲綢工人堅決反對這個可能會讓他們丟掉飯碗的發明，所以雅卡爾終其一生都不遺餘力地推廣這種革命性的機器。

雖然整個情節聽起來很理所當然，但裡頭卻摻雜著許多謬誤與灰色地帶。因為相關人物都已作古，死無對證，使得雅卡爾的傳奇故事在十九世紀傳遍了大街小巷，即便改朝換代後也是一樣。阿爾方斯・德・拉馬丁（Alphonse de Lamartine）在一八六四年（第二帝國期間）出版的《雅卡爾與古騰堡》（*Jacquard et Gutenberg*）中，把他們兩位描述成「工人階級的巨匠與典範」，動機其實跟第三共和時代學生必讀的《兩個孩子的法國之旅》（*Le Tour de la France par deux enfants*）一樣：後者是作為全國學生的榜樣，前者則是全國勞工的榜樣。不過，雅卡爾可不是像書中描述的那種低階工人；他是紡織師傅之子，所以受過裝訂工人的訓練。比較誇張的是，書中提到里昂的紡織工人不但毀損他的第一台機器，還想要他的命（企圖把他沉入羅訥河），這點雖說沒有誇大，但卻巧妙地避開了一個敏感的問題：他的一號機根本沒法用，或者該說用起來很麻煩。所以它們不但靠不住，還會為紡織商帶來極大的財務風險。精心打造的傳奇故事好像開始掉漆了……

為了使機器成功普及化，他不得不求助於另一位技師，讓－安東尼・布列頓（Jean-Antoine Breton），以改善穿孔紙板運作的機制。所以雅卡爾到底做了什麼貢獻？把十八世紀雅克・德・沃康松（Jacques de Vaucanson）等人的想法結合起來，孕育出史上第一台紡織機，以簡化紡織加工程序，這無疑是他的功勞。機器改良完成之際，就是他名垂青史之時……

—另見—

・衣服（十九萬年以前）

・軋棉機（一七九三年）

汽車

人們總以為汽車是在一八八〇年才誕生。但最早的汽車其實在一七六九年就出現了，只是很快就被人遺忘，必須還給它應有的榮譽。

進入主題之前，先提供兩個數字給讀者了解情況：公元一九〇〇年，法國境內只有兩千輛汽車在路上跑；而到今天，根據製造商提供的統計數字，總共高達近四千萬輛……很少有發明能普及到這等境界！這個工具不僅實用，還能激發人們的熱情與幻想；不單純是一種交通工具，還是一種能賣弄虛榮與炫耀的商品。難怪有兩個國家為了誰才是發源地爭執不休，那時他們關係還沒開始變差。

一邊是德國，另一邊則是法國。兩邊都爭得你死我活，堅信自己才是第一個。德國人說，他們在一八八五年造出史上第一輛輕型汽油車。它的發明者卡爾・賓士（Carl Benz）因此在史上留名。而法國人則說，自家的技師愛德華・德拉馬里─黛博特維爾（Édouard

Delamare-Deboutteville）也開發出了一個雙汽缸引擎，功能上差不多，並早在一八八四年二月十二日就申請了類似專利。這次很難得法國人沒打嘴炮，德拉馬里—黛博特維爾的專利的確比較早（卡爾・賓士到一八八六年一月二十六日才提出申請）；只是這位老兄的專利雖說有效，但他卻沒有進一步發展這個裝置。至於到底誰先做出第一輛，萊茵河兩岸為此鬧得不可開交。

不過，要是別在「汽車」這個名詞上打轉（法文為automobile，德文為Automobil，兩者都以Auto為字源），那應該能讓所有人達成共識，雖然德國人可能會吃點虧：字面上這一詞是指「能自己移動」的機器，也就是說不借助人力、動物拖拉或風力等自然力量。這樣說來，還真的有某個發明符合此特徵：一七六九年，軍方工程師約瑟夫・庫紐（Joseph Cugnot）發明出一種類似普通四輪車的「平板車」。此乃奉將軍兼大砲專家，讓—巴蒂斯德・德・格里博瓦勒（Jean-Baptiste de Gribeauval）之命製作，將平板車加裝蒸氣引擎，用來移動大砲。不過想也知道，這台機器的表現差強人意：一七七〇年在巴黎的街頭公開展示時，勉強以時速四公里撐了十幾分鐘後就停了。之後，由於失去格里博瓦勒將軍的支持，庫紐無法繼續研發工作；一直保護他的舒瓦瑟爾侯爵（marquis de Choiseul）被貶後，他被迫返回皮卡地。不過那台「庫紐平板車」是真的能動！總而言之，法國人領先德國人至少一個世紀……但看到遍布全球的二十億輛車對我們環境造成的傷害，我們還好意思自吹自擂嗎？

—另見—
・蒸汽機（一六八七年）

公元一七八三年——

熱氣球

孟格菲兄弟（Montgolfier）無視當時的科學結論，硬是在一七八三年開始了巨大熱氣球之冒險……

公元一七八〇年，物理學家夏爾・奧古斯丁・德・庫侖（Charles Augustin de Coulomb）向科學院呈交一篇關於空中飛行的論文，詳細分析鳥類如何飛行。他的結論經尼古拉・孔多塞（Nicolas de Condorcet）和加斯帕・蒙日（Gaspard Monge）兩位同行驗證無誤，看起來似乎毫無翻案空間：「任何人都無法在空中飛行」，而且「只有無知的人才會這麼做」。

不過這句話的有效範圍僅限巴黎方圓四百公里內，至少阿諾奈（Annonay，法國阿爾代什省維瓦萊）出生的孟格菲兄弟：雅克・艾蒂安（Jacques Étienne）和約瑟夫・米歇爾（Joseph Michel）完全無視這種「科學上的不可能」。出身於造紙商世家的這對兄弟認為，人類絕對可以用充飽熱空氣的氣球飛行。關於他們的靈感起源有很多傳說：詩意一點的會說，是觀察天邊的雲想出來的；庸俗點的則會說，是看到放在爐子上晾乾的內衣飄起來才靈機一動！不過說真的，這兩個科學狂為了這個發明不停鑽研各種化學知識，包括英國人約瑟夫・普利斯特里（Joseph Priestley）與法國人安東萬・拉瓦節（Antoine Lavoisier）的氣體研究……

一七八三年六月四日，孟格菲兄弟邀請阿諾內的居民們來參加公開展示。由棉和紙製成的氣球從底部被大火加熱後，緩緩上升了幾百公尺，並在十幾分鐘內移動了二・五公里。造成的巨大轟動使得維瓦萊區議員輪番質疑當初說「不可能」的科學院。一七八三年八月二十七日，物理學家雅克・查爾斯（Jacques Charles）試圖在巴黎複製這個實驗。但他卻不像孟格菲等人一樣，只使用某種「易燃氣體」（拉瓦節將之命名為「氫」，當時只有少數人知道）。氣球不但膨脹，還以驚人的速度從戰神廣場升起，並於四十五分鐘後在高空中爆開，然後墜毀在巴黎北部。被嚇出一身冷汗的鄉民們，便把這個從天而降的怪物撕成碎片，然後得意洋洋地將它拖出戈內斯村。

一七八三年九月十九日，孟格菲兄弟受邀至凡爾賽宮，當著皇室與包括班傑明・富蘭克林在內的外交官們（他們特地前來進行美國獨立戰爭方面的協商）的面又重新展示了一次他們的熱氣球。他們在「孟格菲」（montgolfière，熱氣球在當時是以他們的姓為名）上裝了一個籠子，裡頭有鴨子、公雞、綿羊各一隻。最後這些動物毫髮無傷地在沃克雷松降落，並被一名年輕科學家讓—弗朗索瓦・皮拉特・德・羅茲爾（Jean-François Pilâtre de Rozier）撿到，讓他開始產生熱氣球之旅的念頭……

—另見—
・風箏（公元前三千年）　・李奧納多・達文西（一四五二—一五一九年）
・班傑明・富蘭克林（一七〇六—一七九〇年）　・飛機（一八九〇年）

漂白水

漂白水（eau de Javel）是克勞德—路易．貝托萊（Claude-Louis Berthollet）於一七八八年發明的，其名來自巴黎附近的同名小鎮，此地後來被併入巴黎首都圈。

漂白水在日常生活中已無處不在，既能消毒又能漂白，居家、商業或醫療環境皆可使用……因為眾所周知，無論是細菌、真菌、病毒還是孢子都沒法抵抗它的威力！不過人類例外，只要能按照合理比例稀釋，就算是飲用水也可處理：法國規定氯化處理的濃度只要每公升不超過〇．二毫克即可；紐約等大城市用的濃度差不多是這個數字的十倍，生飲的話還不至於噁心，能保證吞下肚以後不會出問題，至少味道和顏色都不會有明顯差別（雖說世界衛生組織建議每公升添加量不要超過五毫克），這個奇蹟產品是從哪裡來的呢？

它是克勞德—路易．貝托萊（Claude-Louis Berthollet）發明的。一七四八年出生於薩伏依公國的他，在都靈大學獲得醫學博士學位，然後一七七二年起定居巴黎；在奧爾良公爵支持之下，他還有自己的實驗室。由於他與安東萬・拉瓦節（Antoine Lavoisier）、加斯帕・蒙日（Gaspard Monge）、任職於植物園的皮耶—喬瑟夫・麥克奎爾（Pierre-Joseph Macquer）、醫學院的尚—巴蒂斯特・畢凱（Jean-Baptiste Bucquet）等著名科學家來往密切，使他名氣日益高漲，其研究也備受科學院的讚揚，而得以加入著名機構。一七八四年，貝托萊成為戈布蘭皇家手工藝製造廠的染料總監，並開始對某種氯溶液感興趣，這種「去燃素鹽酸」是卡爾・威廉・施萊日（Carl Wilhelm Schleege）於十年之前發現與命名；他將其改稱為「氧化鹽酸」並深入研究其漂白功能，然後在一七八八年配出能強效漂白布料與織品的「貝托萊液」：「將兩盎司半的鹽、兩盎司硫酸、四分之三盎司的氧化錳，一同放在可密封不使氣體逸散的燒瓶中，最後加入五盎司碳酸鉀與一公升水配成溶液。」

同年此溶液開始在阿圖瓦伯爵建的「賈維磨坊」（moulin de Javel，位於巴黎塞納河下游沿岸的同名小鎮）附近的工廠生產。不過，根據一七八八年十二月二十九日刊登在《巴黎日報》（*Journal de Paris*）上的廣告，該產品在當時已經沒有冠上其發明者的名號：「『賈維洗液』可以在二十四到三十小時之內漂白布料、棉紗、棉線、線團等，只要將溶液以八倍水稀釋，再將要漂白的物品浸入，每小時攪拌一次即可。」

—另見—

・蒸餾器（七〇〇年）

公元一七九二年——

斷頭台

斷頭台是法國大革命中最出名、最致命，也是最持久的發明，一直被用到法國廢除死刑為止。

有些工具或製作過程因為命名特殊或直接套上發明人名諱，讓後世永遠記得是誰創造出來的：像是魔鬼氈（velcro）、巴斯德消毒法（pasteurisation）、垃圾桶（poubelle）等，其中最「妙」的例子應該是斷頭台（guillotine）。最「妙」的例子？其實並非如此。斷頭台的發明背後有兩大甚至三大荒謬。首先，發明它的並非解剖學教授約瑟夫·伊尼亞斯·吉約丹（Joseph Ignace Guillotin, 1738-1814），他不過是提倡者。當年他以第三等級議員的身分要求修改刑法（一七八九年十二月一日），改用一種新的方式執行死刑，取代當時普遍流行的殘酷手法。該提案指出：「無論被告犯下何種罪行，只要法律判決被告有罪並處以死刑，就該用單一、簡單的方式將罪犯斬首。」眾人皆平等，所以死法也該一樣！

吉約丹只是針對這個機制提出明確的想法。他參考了愛爾蘭、蘇格蘭、義大利等地使用的設備。作為提倡者，他委託外科醫師兼生理學教授安德烈・路易（André Louis）開發出這套裝置，並詳細說明其構造。這裝置在一七九二年四月終於正式「開張」（這樣形容應該沒錯吧），處決了一名普通罪犯。曾經有段時間它被人稱作「louisette」或「louison」（創造者的大名），但不久後卻被冠上推廣它的吉約丹之名「guillotine」。

吉約丹醫生（還有他的同事）當然都不想把這個裝置冠上自己的大名，此為第二個荒謬。至於最後一大荒謬是，開發此裝置的初衷，原是為了回應當時國家民意代表的人文主義訴求，為所有人提供一種唯一且相同的處決方式，避免不必要的折磨與血腥場面……只是在所有人的共同記憶中，斷頭台已經成為革命中專政時期的象徵，執法者幾乎全年無休，光是雅各賓專政時期就處決了近一萬七千名受害者。所以這台被冠上「愛國剃刀」、「寡婦製造機」等名號的機器，是永遠無法跟其發明者斷絕關係的。維克多・雨果（Victor Hugo）最擅長用最剛好的字眼來形容：他在《文學與哲學論文集》中說：「世間不如意事多了，哥倫布沒法在自己的發現冠上自己的名字；吉約丹則是永遠無法讓自己的大名擺脫他的發明……」

—另見—
・金屬（公元前四千年）

軋棉機

公元一七九三年——

軋棉機是一種典型的「雙面刃」發明：這個誕生於一七九三年的工具，使整個美國致富，但有批人卻因它被奴役。

由於世界各地的棉花種類繁多，產量又大，所以很早以前就已經被用來製造布料：從考古學家發現的衣物碎片可以證實，印度河谷至少在八千年前，而墨西哥則是在七千兩百年前就有棉織品。而歐洲大量使用棉織品的時代比東方晚很多，希羅多德曾提到印度「某種野樹果子的毛，品質與外觀都比羊毛更好。」公元七世紀阿拉伯入侵印度河流域後，棉織品才開始向外傳播；至於真正開始大量對外輸出是在十五世紀末，在瓦斯科．達伽馬發現了前往印度的航道後。

而在此時，棉花果實的處理方式依然未變，仰賴繁瑣的手工來分離種子與纖維：好的軋棉廠一天下來只能生產兩公斤棉花……如此低的效率使想加入生產行列的人卻步。美國南方（當時還是英國殖民地）在十八世紀其實有很長一段時間都不太重視棉花種植，他們可不願把昂貴的奴隸浪費在這種無利可圖的產業上！直到這個問題被一個年輕的發明家解決：獨立戰爭結束後十年（一七九三年），原是機械技師的伊里．惠特尼（Eli Whitney, 1765-1825）為了能在南部找份當家庭教師的工作，想說先轉換跑道去讀法律，因此他轉往喬治亞州的薩凡納定居。他目睹種植者遭遇的困難，因此設計出一種機械軋棉器，內有鋸片可以將纖維攫住並將之拉出金屬柵欄，種子則會被柵欄擋住：這種「軋棉機」使生產效率大幅提升，可達每小時十公斤，其原理到現在依然被人沿用。

關於這項發明的消息像火藥一樣爆開：雖說惠特尼在一七九四年三月十四日便申請專利，但幾乎所有的農場主都搶先在專利生效前複製這種機器。耕種面積也逐漸擴大，棉花產量從一七九三年的幾萬捆，到一八五〇年代末狂增到四百萬捆。多虧了軋棉機的出現，這項產業才變得利潤其高，但是發明人並未嘗到甜頭；他反而因無止境的訴訟而心力交瘁，直到一八〇四年才死心離開南方，而在棉田中被奴役的數百萬奴隸也沒分到絲毫利潤。很少有哪個發明能改變一個國家的命運：注定要從年輕的美利堅合眾國自然消失的奴隸制，在此時得以苟延殘喘；直到美國南北戰爭結束，奴隸制才徹底被廢除。

—另見—

・衣服（十九萬年前）

・約瑟夫—瑪力・雅卡爾（一七五二—一八三四年）

公元一七九五年——
罐頭

一七九五年，尼古拉·阿佩爾（Nicolas Appert）發明了一種可將食物保存數月甚至數年的處理法，也就是所謂的「商業滅菌法」，罐頭就這樣誕生了！

尼古拉·阿佩爾生於一七四九年，父親是馬恩河畔之沙朗的小旅館老闆，他承繼了父親的手藝，打算從事同樣的行業。為了完成修業，他在一七七二年赴巴拉丁為克里斯蒂安四世公爵（duc Christian IV）服務，三年後公爵過世，他繼續為其遺孀，德福巴赫的瑪麗安（Marianne de Forbach）效力。一七八四年返回法國後，那幾年珍貴的經驗讓他得以在巴黎的倫巴底街開了一間名為「信息女神」（La Renommée）的糖果店。由於工作經驗豐富，他對當時的食物保存方法（發酵、煙燻、鹽漬、糖漬、蜜漬、醋漬等）無一不精，但也很清楚這些方法的共同缺點：食物的味道都會因此大大改變。

該如何留住食物的味道？尼古拉·阿佩爾埋頭做實驗時，也對當時的動盪出一份力：

一七八九年，他加入革命黨並成為國民自衛軍的一員。因被雅各賓專政波及，他於一七九四年回頭繼續自己的研究，並在隔年憑經驗發展出前所未見的食物保存法。十五年後（一八一〇年），他在《家務事：將肉類與蔬菜保存數年的技術》中敘述整個流程：「步驟包括：1. 把想保存的食物放入瓶子等容器中；2. 將容器徹底密封，要是密封不完全，整個步驟就會失敗；3. 將這些密封好的材料都放進裝了水的大鍋子裡煮，烹煮時間取決於材料本身性質，亦可參考我對每種食材的建議；4. 時間到後將這些密封容器取出。」

阿佩爾先是於一七九五年在塞納河畔伊夫里開了第一家工坊，一八〇二年又於馬西的大型菜園中成立了史上第一間罐頭工廠，此時他知道為帝國效力的時刻來了，因為他接到政府的訂單：「商業滅菌法」有助於地面部隊的補給（拿破崙很清楚他的軍隊要先吃飽才能打勝仗），對海軍也有幫助（罐頭能保留食物內的某些營養，故有助於治療維生素C缺乏之症，進而預防壞血病）……只是當雄鷹折翼後，他位於馬西的工廠先是在一八一四年被掠奪一空，百日王朝覆滅後又被完全摧毀。但阿佩爾繼續改良其製程，並用英國進口的馬口鐵罐替代玻璃瓶。只是他再也找不回從前的榮光了：一八四一年，他在困頓中過世……不過他的發明流傳了下來！

—**另見**—
・金屬（公元前四千年）

公元一八〇〇年——

電池

公元一八〇〇年，亞歷山卓．伏打（Alessandro Volta）發明了電池，為這個世紀掙得最後一個大獎：電從此成為眾人好奇、鑽研，甚至是相爭的議題！

自從電在啟蒙時代掀起一陣熱潮後，這股波濤就再也無法停息。不管是在公共場所還是私人沙龍，科學家們都沉迷於這些刺激的實驗中：有時能看到耀眼的火花，有時又有明顯的震盪，讓所有參與者不由自主地驚奇讚嘆，樂在其中的也包括法國國王：一七五七年，路易十五任命了當時歐洲物理界重量級專家兼修士，讓—安托萬．諾萊（Jean-Antoine Nollet）來教他的孩子物理。其他國家也不甘示弱：英國可以拿班傑明．富蘭克林在前美洲殖民地做的研究來說嘴，義大利當然也出產幾位有頭有臉的大人物，包括本世紀下半葉出名的路易吉．伽伐尼（Luigi Galvani）和亞歷山卓．伏打（Alessandro Volta）。

電池的誕生讓一七九〇年代兩位義大利科學家之間的爭執畫下句點，這一切要從一七九一年說起：伽伐尼在詳細研究過青蛙後，於波隆那發表了一篇標題為〈關於電產生肌肉運動的評論〉的論文，認為動物的肌肉會對神經發電。當時已是著名科學家的伏打，不但是帕維亞的大學教授，更是盛名遠播的倫敦皇家學會一員；雖說最初對同僚的發現很驚訝，但他很快就質疑起這個說法：造成這種現象的，會不會是伽伐尼用來連接肌肉跟神經的金屬弧，而不是動物本身？

一場大論戰就此開打，戰火延燒到整個歐洲的學術界（革命才剛結束，就嫌沒事幹了嗎？）每個國家都有「動物電」和「金屬電」的支持者，他們就跟革命思想家的擁護者和反對者一樣極端。兩方僵持不下，類似的實驗大量出現：不只是青蛙，連綿羊、雞，甚至是昆蟲，都成為熱血科學家手下的祭品，又是分屍又是剝皮的。直到伏打在一七九七年發表〈僅通過金屬之間的接觸即可產生電力〉一文，這些可憐動物的苦難才算結束。「伽伐尼派」開始節節敗退，尤其是他們的領頭才因拒絕向拿破崙一世扶持的奇薩爾皮尼共和國宣誓效忠，故被剝奪了一切職務。之後，伏打將銅片和鋅片交疊，並在每對金屬片之間用浸過鹽水的溼布隔開：只要將最後端的銅片跟最前端的鋅片用金屬線接起來，就會產生電流！這就是一八〇〇年問世的「柱狀電池」，新的電源就此誕生……

另見

・班傑明・富蘭克林（一七〇六－一七九〇年）

・電磁鐵（一八二〇年）

十九世紀

標榜「技術發展」的十九世紀，憑著當代人滿溢出來的自信，各式各樣的發明如雨後春筍般大量出現。運輸方面，火車開始通行，飛機展翅高飛；通訊方面有電報和電話，之後居然連攝影和電影等藝術娛樂消遣都有了。代步用機器，採收紡織也用機器，事情被機器做光了還要用機器殺時間。總之一開始為了滿足特定需求才用機器，需求滿足後又衍生出越來越多的需求……機器就因此變成當代的主要象徵。才剛脫離光明燦爛的啟蒙時代，現在要進入噪音跟黑煙的時代了嗎？

會演變成這樣其實有跡可循，就從發明家在西方社會的地位開始說起。首先，他們得到更完善的保障；上個時代繼執照與特許權出現後，專利法終於在進入十九世紀前誕生：美國國會首先於一七九〇年通過，法國國民制憲議會也緊跟著在一七九一年一月七日制定法令，成立發明專利局。不過光這樣夠嗎？看看巴爾札克在《幻滅》裡是怎麼描寫的：「一個人得花上十年心血才能摸索出某個工業上的機密、造出一台機器，或是發現什麼重要的原理。本以為拿到專利後，就能把心血結晶牢牢握在手裡；但若是他想得不夠周全，被某個競爭對手乘虛而入，隨便在他的發明上加個螺絲改良一下，就能搶走他的專利……」

無論如何，立法機關能提供的保障絕非萬無一失。而這世紀也提供發明家更多展示空間，最知名的當然是世界博覽會：一八五一年於倫敦舉辦第一屆，四年後移師到巴黎，每次舉辦都會刷新參觀人數紀錄——一八五五年是五百萬，一八六七年變一千五百萬；一八八九年適逢法國大革命百週年，工程師艾菲爾也把他那三一二公尺高的鐵塔蓋好了，結果那年參觀人數多達三千兩百萬。少數幸運的發明家因此名利雙收，超過前人能達到的境界：擁有一〇九三項專利的湯瑪斯．愛迪生（Thomas Edison）應該最清楚不過了……不過幹嘛搞到一〇九三項呢？看看炸藥之父阿佛烈．諾貝爾（Alfred Nobel，他創立的同名獎項應該大家都知道）光靠一項就賺足一座金山了！

只是這段期間發明的機器除飛機以外（電梯嚴格來說也算啦），都沒法把人舉起來：因為這種「太超過的進步」對所有人都沒好處，可能還會有不良影響。人類在十九世紀撒下的種子，不管是好的還是壞的，日後終將萌芽，然後開枝散葉。

公元一八〇四——火車頭

鐵路運輸的歷史其實有點像雞與蛋的問題：是火車頭先發明還是鐵軌先誕生？

光有鐵軌沒有火車頭，那當然不算鐵路運輸。軌道其實從中世紀末就有了，一開始是先鋪設在歐洲各地的礦場（那時還是木軌）以便運輸，到了十七世紀末，這些木軌才逐漸被換成鐵軌。不過沒有鐵軌的火車頭一樣也幹不了什麼：一七九八年，興趣廣泛的威爾斯發明家理查·特里維西克（Richard Trevithick）偕表弟安德魯·維維安（Andrew Vivian）設計了一款公路蒸氣車頭，但其亮相的時間跟整個鐵路史比起來有如曇花一現！儘管如此，這個蒸氣車的名稱還是值得一提：「噴煙魔王」（Puffing Devil），取這種名字當然是因為其蒸氣引擎會噴出大量濃煙。

而這個威爾斯人並不就此滿足。一八〇三年，他又研發出了一個新的原型，不過這次是要在鐵軌上跑的。一八〇四年二月二十一日，他選擇在梅瑟蒂德菲爾進行頭一次上軌測試，這個城市因盛產鐵與煤而聞名，經濟正蓬勃發展。結果他的裝置成功拖著裝有十噸鐵的五節車廂外加七十名乘客，在四小時內跑了九英里（約十五公里）。行經部分軌道時，列車甚至達到每小時五到八英里的驚人速度！為了推廣他的發明，特里維西克在三年後於倫敦附近的尤斯頓廣場（現已被納入英國首都圈）鋪了條圓形軌道，讓自己的展示機「誰能趕上我號」（Catch Me Who Can）在上面繞著跑：好奇的民眾只要付六先令就可上車繞幾圈……

鐵路運輸的歷史就此步入正軌，直至今日都還未見停止：一八一四年，英國人喬治·史蒂文生（George Stephenson）也製造了他的第一個火車頭，並命名為「布呂歇爾號」（Blücher）以紀念這位在滑鐵盧聲名大噪的普魯士將軍；一八二三年，此時法國、普魯士等德意志國家、美國等，也相繼踏上鐵路冒險之旅，他與兒子羅伯特（Robert）一同成立了史上第一間火車頭製造廠……不過我們常會忘記一件事，當年若沒有鐵軌方面的改良，這場火車冒險之旅根本走不了多久：梅瑟蒂德菲爾當年那台頭號列車總共也只跑過三趟，因為下面的鐵軌會因火車行進而斷裂！鐵路在今日能達到時速六百公里的驚人速度，都要歸功於跟著一路成長，進而打造出柔韌堅固鋼材的鋼鐵工業。

—另見—

- 汽車（一七六九年）
- 以利亞·麥考伊（一八四三－一九二九年）
- 地鐵（一八六三年）

公元一八一五—一八五二年—

愛達．勒芙蕾絲

世界上第一位程式設計師不但比電腦還早出現，「她」還是一位女性：勒芙蕾絲伯爵夫人，奧古斯塔．愛達．金（Augusta Ada King）是也。

愛達是於一八一五年十二月十日出生，她的父母可非一般人。她的母親安妮貝拉．米爾班奇（Annabella Milbanke）才華洋溢，對文學、哲學和數學相當熱衷：在十九世紀初的英國，這樣的女性相當罕見。其父則是文學界的泰斗，詩人拜倫（Byron），他也以放縱和浪蕩不羈聞名。為了保護尚在襁褓的女兒，安妮貝拉在愛達滿月後就跟拜倫勳爵離異；拜倫則離開英國前往地中海沿岸，最後在一八二四年於希臘過世，享年三十六歲。然而，安妮貝拉並未對愛達施行一般的順從教育。反而將自己對學術與數學的愛好傳給了她。一八三三年，經由瑪麗．薩默維爾（Mary Somerville，蘇格蘭人，因翻譯拉普拉斯（Laplace）作品《天體力學》（*Mécanique céleste*）而聞名）介紹，愛達結識了倫敦皇家學會會員兼英國皇家天文學會聯合創辦人查爾斯・巴貝奇（Charles Babbage）。這位科學家從一八二二年開始全心研發一種更新型、用途更廣的計算機器「差分機」，以便日後能用它精確無誤地計算數學、天文或航海方面的大量數據。

愛達對這個計畫相當著迷。兩人開始密切合作，不過合作在一八三五年被迫中斷，因為這名年輕女士在此時與威廉・金（William King，勒芙蕾絲伯爵）結婚，並生了三個孩子。而愛達・勒芙蕾絲在一八三九年又重拾研究，並於三年後著手翻譯義大利工程師費德里科・路易吉・梅納布雷亞（Federico Luigi Menabrea）關於「分析機」的論文。一八四三年，她在譯文上增加了許多註記，其重要性已經遠超過譯文本身。史上第一位程式設計師其實曾設想過所有細節，規劃「分析機」處理資料的邏輯。更厲害的是，她還設計了一個原創程式來計算白努利數（一種基於遞迴的複雜序列）。

由於身體狀況欠佳，愛達沒來得及度過她的三十七歲生辰，不幸於一八五二年十一月二十七日撒手人寰，其父也只活到這個歲數。但她並未被世人遺忘：一九七〇年代末，美國國防部委託一群資訊科學家設計了一種程式語言，該工作小組將之命名為「Ada」，以紀念這位一百多年前的祖師婆婆。以可靠性與高度安全性聞名的Ada83，於一九八三年獲得美國標準認證，並於一九八七年又獲得國際標準認證，目前的最新版本Ada2012仍被用於航空領域等尖端科技的程式設計。

另見

・助算器（公元前一千年）
・計算機（一六四二年）
・電腦（一九三六年）

公元一八一七年——混凝土

一八一七年，畢業於法國國立路橋學院的年輕工程師路易．維卡（Louis Vicat）建立了水泥砂漿的科學基礎，並開啟了混凝土的輝煌歷史。

除非有建築相關背景，不然很難分得清楚水泥、砂漿和混凝土的不同。水泥是一種從上古時代流傳至今的黏結材料，但其成分與剛問世時相比已經改變很多。身為建築界天才的古羅馬人，當年相當擅長使用這種東西，這點大家應該都不意外，畢竟水泥（ciment）一詞也是從拉丁文的「caementum」來的。早在公元前幾年，維特魯威就在《建築十書》中大力稱讚波佐利的土（pouzzolane，其實就是火山灰），這種粉末「被大自然賦予了奇妙的特性，在貝亞地區和維蘇威火山周圍的城鎮中都可找到。把它跟石灰與碎石混合在一起，就能變為堅固的建材，不管是一般建築，還是碼頭這種浸在海面下的建築物都能用。」確切地說，根據某種自羅馬衰亡後就逐漸失傳的技術，只要把水泥跟細砂或碎石混合並加水，就會變成有黏性的膏狀物，這就是所謂的砂漿。而混凝土並非是如同砂漿般的黏合劑，而是一種由砂漿與石礫（顆粒材料）混合而成的結構成分（當然還要稍微加點水，沒有加水的話，就無法引起必要的化學反應，把所有成分均勻結合為一體）。把這些細節都說完，關於混凝土的誕生就沒什麼好多說的，意思一下就好！

一八一二年，年紀尚輕的國立路橋學院校友路易．維卡，受命在多爾多涅省的蘇亞克建造一座橋樑。工程師使命必達，為了抵抗湍急的河流，他在一八一七年決定採用某種新的材料來打造地基：一種由石灰岩與矽石混合成的人造水泥，它跟維特魯威提到的火山灰一樣，可以耐得住水的侵蝕。當然，類似的方法其實在幾年前就被英國的詹姆斯．帕克（James Parker）、約瑟夫．阿斯普丁（Joseph Aspdi）等人用過了。但路易．維卡的貢獻在於，他將所學寫在《建築用石灰、混凝土和普通砂漿的實驗研究》一書中呈現給世人，將一系列的經驗觀察轉變為一門真正的科學，結構與土木工程均是以此為基礎而生。所以本書於一八一八年一月二十四日出版後，他的工作也受到國立路橋學院委員會等學術單位的重視，並於隔年二月十六日受法蘭西學會之邀，在著名學者路易．約瑟夫．給呂薩克（Louis Joseph Gay-Lussac）等人面前展示自己的研究並獲得認可。混凝土就是因為有如此穩固的支持，才得以成為人類迎向未來的強力武器！

—另見—

・磚頭（公元前一萬年）

・引水渠（公元前七百年）

公元一八二〇年——

電磁鐵

於一八二〇年問世的電磁鐵，象徵電與磁這兩個自上古時代以來就廣為人知的研究領域，就此合而為一。

電與磁，在以前其實一直被看成是兩種截然不同的力，直到被一些少見的現象連繫起來，才得以在十九世紀初並肩發展。兩千五百年前，米利都的泰利斯（Thales de Millet）應該算是人類這場冒險的先行者：除了幾何學與天文學方面的研究，（柏拉圖在《泰阿泰德篇》中透露，泰利斯曾因為仰望天空太過專注，結果不小心掉進井裡！）他還發現琥珀（一種被古希臘人命名為「elektron」的樹脂）經摩擦後可以吸引別的小東西，所以這種現象就被稱為「電」（électricité）。

之後的幾個世紀，人類的注意力都被磁吸走了，最早的指南針也在此時誕生。根據諾貝爾物理學獎得主路易・奈爾（Louis Néel）的說法，若把皮耶・德・馬力克（Pierre de

Maricourt）於一二六九年寫的《論磁石》（*Epistola de Magnete*）當成「關於磁鐵的第一篇正式論文」，那電力與磁力就是從一六〇〇年，威廉．吉爾伯特（William Gilbert）筆下的《磁石書》（*De Magnete*）開始逐漸互相靠近。這位英國醫師提出了一個大膽的假設，讓．安托萬．諾萊與班傑明．富蘭克林等名科學家都支持他的論點，但也有另一派學者堅決反對，兩派的爭論一直持續到啟蒙時代。在一七八五到一七九一年間，夏爾．奧古斯丁．庫侖（Charles-Augustin Coulomb）出版了一系列的《關於電和磁》論文集，證明這兩種力以相同的定律運作，也就是與距離平方成反比，眾人對此心服口服；這位物理學家還特別提到，以相似定律運作的也包括牛頓發現的重力（以後會有更多相關研究）！

不過決定性的一步是在一八二〇年，哥本哈根的漢斯．克海斯提安．厄斯特（Hans Christian Oersted）注意到電流對指南針的影響後，發表的〈以電反轉磁針的實驗〉一文。然後人在巴黎的安德烈．馬里．安培（André-Marie Ampère）對這個結果相當感興趣，決定深入鑽研。他在寫給自己兒子的信中說：「在聽說厄斯特先生的重大發現後，我現在滿腦子只想寫出一個偉大理論來描述這個現象。」他成功地使用通電線圈使內含的鐵塊產生磁力，後來弗朗索瓦．阿拉戈（François Arago）也重做了他的實驗並確認可行，電磁鐵的原理就此建立。一開始只是實驗室中的單純好奇，隨著電之仙子展翅高飛，一個巨大的應用領域隨之出現。隨後，麥可．法拉第（Michael Faraday）與詹姆斯．馬克士威（James Maxwell）等名科學家將為電磁理論做出決定性的貢獻。

另見

．指南針（公元前二百年）．電池（一八〇〇年）

公元一八二六年——

攝影

兩百年前誕生的攝影是一種會進化的發明，人們觀察與描繪世界的角度隨著時間不斷演變。

攝影是物理裝置（取景）和化學過程（將影像長久保存下來）這兩種發明的綜合成果。前者由來已久，暗室的原理自上古時代就已為人所知：在不透光的黑暗房間牆壁上鑽一個小孔，孔對面的牆壁上就會出現孔外物體的倒影。這用一個箱子便能做了，義大利的畫家從十六世紀起就借用這種技術以精準描繪景物。此時已經有人開始在設備中加裝玻璃透鏡，將光線聚焦以使影像更清晰。

不過，要固定這些「再現」的影像則是很久以後的事。雖說鹵化銀的感光性（曝光時變黑）也早為人所知，可問題是要如何利用這種特性來留住影像，還有要如何讓它停止變黑？法國人約瑟夫・涅普斯（Joseph Niépce，人稱尼塞福爾）從一八一〇年開始大量嘗試不同的載體、活化劑和定影液，終於在一八二六年於索恩—盧瓦爾省（法國）的自宅拍出了史上第一張自然風景照。他將一片塗了瀝青的錫板放在暗箱中，剛好對上從小孔進來的光線，就這樣曝光數小時。這張照片實在不太清晰（以我們現在的標準來看），不過室外的景觀與建築物依舊可辨。

隨後他與另一位發明家兼畫家路易・雅克・曼德・達蓋爾（Louis Jacques Mandé Daguerre, 1787-1851）攜手合作，一起改良這項技術。涅普斯於一八三三年去世，達蓋爾則獨自繼續研究不同材料與定影液，幸虧此時潛像顯影開始發展，曝光時間得以大幅減少。弗朗索瓦・阿拉戈相當明白達蓋爾的研究成果有多重要，他在一八三九年一月七日向科學院展示了這套「銀版攝影法」，還有用這套技術拍成的第一張照片。

故事還沒完。多位研發同樣技術的人，也開始聲稱自己擁有發明所有權，或是曾對此做出改良。其中，英國人威廉・亨利・福克斯・塔爾波特（William Henry Fox Talbot）於一八四〇年發明了可將影像由負片轉正片的「卡羅法」（Calotype），拍攝的影像可靠此技術重製。然後賽璐珞軟片也出現了，再來是照相機微型化、彩色攝影……最近的進化則是以感光元件取代底片的數位攝影，可將拍攝的影像以數位檔案儲存。

—另見—

‧海什木（九六五—一〇四〇年）

‧李奧納多‧達文西（一四五二—一五一九年）

縫紉機

讓縫紉機走進家家戶戶的艾薩克．辛格（Isaac Singer），現在仍家喻戶曉；真正在一八二九年發明縫紉機的巴泰勒米．蒂莫尼耶（Barthélémy Thimonnier），卻已被世人遺忘。

一七九三年，巴泰勒米．蒂莫尼耶出生於拉爾布雷勒（L'Abresle，位於法國隆河省）的一個普通家庭，他本來想跟父親一樣當個染布匠，於是先接受裁縫的培訓。他先是在安坡普執業，然後轉往聖埃蒂安市郊，再到萊斯福爾熱，並於一八二三年成立了自己的工廠，手下也有一些工人。總之，職業生涯一開始還算平穩，不過在法國從事紡織業的人有如過江之鯽……這個年輕的聖埃蒂安裁縫跟其他同行一樣時常焦慮，因為他從事的是按件計酬的工作，客源其實非常不穩定：若不按時交件，客戶可能會隨時跑到競爭對手那兒，即使自己的手藝比對方好也一樣。於是他開始有改用機器加工的念頭：一八二九年，他根據自己對手工縫紉的了解，成功做出一台配有針與鉤子的機器，不過只能做出基本的鎖鏈縫。儘管效能差強人意（縫紉速度肯定比手工快，但不夠結實），他依然想為此申請專利，於是他尋求聖埃蒂安國立礦業學校的培訓教師奧古斯特·費朗（Auguste Ferrand）的建議，終於做出一種能以踏板操作、「能為紡織品上鎖鏈縫的機器」，並命名為「自動裁縫」（La Couseuse），他們也於一八三〇年七月十七日獲得專利。

不過，人的習慣沒那麼容易改變：大多數工廠不僅對這個發明興趣缺缺，就算有工廠想用，也時常被害怕飯碗不保的工人破壞。而巴泰勒米·蒂莫尼耶另有想法：他在一八三〇到一八四〇年代都致力於改進自己的設備，並在他的頭號原型機誕生後二十五年（一八五五年），以自創的「繡花機」（Couso-Brodeur）拿下巴黎世界博覽會的一級獎章。但不幸的是，這位發明家沒來得及享受自己的成功果實，便於兩年後去世，終其一生從未有機會以此獲利。後來美國人艾薩克·梅瑞特·辛格（Isaac Merritt Singer）就採取別的策略：他也在一八五一年發明了縫紉機，但比蒂莫尼耶晚了二十年。為了避免犯下同樣的錯誤，他沒有馬上將機器提供給業界人士，而是在紐約街頭進行大量的宣傳和公眾展示，甚至還為婦女提供免費課程；然後她們就會回家說服自己的另一半去買這台珍貴的縫紉機。辛格選擇不與工廠作對，而是直接將機器送進家家戶戶。

—**另見**—

- 衣服（十九萬年前）
- 約瑟夫—瑪力·雅卡爾（一七五二—一八三四年）
- 軋棉機（一七九三年）

公元一八三一年——

收割機

收割機在歷史上被發明了兩回：古高盧在先，一八三〇年代的美國在後。不過第二次發明的才好用！

不同文獻對同一樣東西的記載有出入，這種事在追溯某物的起源時免不了會遇到，像這個發明就有兩種不同的記載。第一個是老普林尼在公元一世紀寫的《自然史》：「在高盧人的大型莊園中，牛從後方反推著裝配利齒的兩輪大箱子穿過莊稼；被拔起的麥穗就自然掉進箱子裡。」第二個則是帕拉狄烏斯（Palladius）在四個世紀後寫的《論農業》（*Opus agriculturae*）。這位生平仍不為人所知的作者詳細描述了此種用牛拉動的裝置如何運作：「裝有一整排分開的利齒，與麥穗差不多高……當牛開始拖動車子穿過莊稼，被其利齒攫住的麥穗就會漸漸堆積在車上，被連根拔起的麥稈則被留在後面，牛車後的放牛人有時得因此抬高或放低機器。」所以收割機是高盧人最先發明的沒錯，一九五八年於布辛醇下蒙陶班發現的淺浮雕就是鐵證！不過由於古羅馬有大量的奴隸代勞，故當時人們對這種工具的興趣僅止於好奇而已。

過了好幾百年，收割機又在差不多的背景下重新誕生。一八三〇年，麥考密克家族（McCormick）於維吉尼亞州的羅克布里奇郡發跡，當時此州依舊蓄奴。為了耕種土地，一家之主羅伯特（Robert）當然也豢養自己的奴隸。但他一直試圖製造新的農業機械以提高生產率。其子塞盧斯（Cyrus）因為常從旁協助，也了解父親的優點和缺點。他事後回憶：「我父親非常擅長發明機器，但缺乏商業頭腦，使得自己的發明都被人拋諸腦後。」讓這個年輕人重新想起這個機器的，是一台以動物拖曳的收割機器。在他父親的奴隸喬．安德森（Jo Anderson）的幫助下，他做了一些改良，並於一八三四年六月申請專利。

但要改變人的習慣很不容易，所以成功也來得很慢：一八四二年只售出七台，都是靠家族之力獨立造出。但這個裝置一點一滴地用實力為自己宣傳，在西方大平原上表現尤其出色：一八四三年收到了約二十筆新訂單，隔年增加到三十多筆，因此吸引企業家投資，於一八四七年在芝加哥附近蓋了一間製造廠。到了一八六〇年代，需求隨著南北戰爭的爆發而暴增：先是北方軍隊大量招募農工，然後南方解放奴隸，麥考密克的收割機變得比以往更搶手！

另見

・犁（公元前五千年）・磨坊（一二五〇年）

・蒸氣機（一六八七年）・軋棉機（一七九三年）

公元一八三三—一八九六年—

阿佛烈．諾貝爾

……

阿佛烈．諾貝爾（Alfred Nobel）是名化學家兼企業家，這個充滿遠見的男人，因其創立的同名獎項而名垂青史，每年揭曉大獎得主時，都會讓人再次想起他……

……

這四張紙不大，尺寸跟對摺後的A4差不多，每頁都寫得密密麻麻並標明日期（一八九五年十一月二十七日）。它是用瑞典語撰寫，目前被妥善保存在斯德哥爾摩，有時會在嚴密保護下公開展示。這麼做當然有其理由！它可是近代史最重要的文件之一：「具名人：阿佛烈．伯恩哈德．諾貝爾（Alfred Bernhard Nobel），經過深思熟慮後，在此宣布我的遺願與遺囑……」（Jag undertecknad Alfred Bernhard Nobel……）

當諾貝爾寫下這幾行字時，已知道自己來日無多。長年為心血管疾病所苦的他，心頭縈繞著一個陰影：後世會如何看他？他的一生都被人與破壞畫上等號。從他九歲那年就開始了：他的父親伊曼紐爾（Immanuel）把一家人從斯德哥爾摩帶到聖彼得堡，在那裡製造地雷賣給沙皇的軍隊，因此賺了不少錢。阿佛烈本人則在美國與法國學習化學後，重返瑞典專攻生產炸藥。早在一八六六年，他就針對義大利人阿斯卡尼奧．索布雷洛（Ascanio Sobrero）在幾年前發明的硝化甘油，研發出一種更安全的使用方法：跟矽藻土結合後可提高穩定性，除非刻意用雷管引爆，不然不會因為稍微震動而誤爆。這位發明家於一八六七年十一月二十七日為他的「矽藻土炸藥」申請專利，就此名利雙收！

當然，炸藥並不只有軍事用途，它也可用在土木工程上，像是開鑿隧道或運河：斐迪南．德．雷賽布（Ferdinand de Lesseps）就靠它在塞得港（PortSaïd）和蘇伊士（Suez）之間挖了條運河（就是著名的蘇伊士運河）。但這項發明很快就被拿來殺人；不管下手的是誰，這筆帳都會順便記在諾貝爾頭上。他本人以相當難堪的方式意識到這一點：一八八八年，他的哥哥路德維希（Ludvig）在坎城過世，一名新聞記者以為死的是他，所以刊登了標題為「販賣死亡的商人過世」的訃告，這位炸藥之父聽聞後相當震驚。他在幾年後提筆寫下這樣的遺囑，也許就是因為那段不堪回首的往事？不過諾貝爾的確把他的巨額財產化為基金，並「將每一年所得的利息，授與在前一個年度對人類社會有最大貢獻的人」。他獎勵的項目包括不同科學領域、文學，還有和平：「使各國重修舊好、廢止或縮小目前之軍備，並對和平會議的組織盡最大、最好的努力者。」

—另見—

・火藥（一〇四四年）

・米哈伊爾・卡拉什尼科夫（一九一九—二〇一三年）

電報

說到電報，人們都會認為該歸功於薩繆爾．摩斯（Samuel Morse）；雖然與事實有點出入，但他的確是其中一位先行者。

電報並非最早的遠距資訊傳輸。人類自上古時代以來為了滿足軍事需求，其實已經發明出多種聲學或光學裝置。波斯、中國、古羅馬都有建立烽火台網路，但能傳達的內容相當有限。後來在大革命期間，克魯．夏萄（Claude Chappe）為法國設計了一種能讓巴黎與各大省會雙向傳訊的光學通訊系統：這是一種配備信號燈的發報站，從一七九四年起陸續在里耳等城市建造。這個系統在約五十年後發展到巔峰，整個網路共有五百多個發報站，遍及五千公里遠，但並非萬無一失：最大缺點就是能見度低，夜間或大霧等惡劣天氣都無法順利運作。

電報就沒這種問題。不過也得等到該有的發明先出現，它才能誕生：首先要有電池才能產生電流，然後要有電磁鐵才能接收訊號；剛問世沒多久的電池極化很快，安培和阿拉戈當年設計的電磁鐵也不適合用在這方面，所以這些都得進一步改良。到了一八三〇年代，該有的組件都發明出來了，哥廷根的卡爾．弗里德里希．高斯（Carl Friedrich Gauss）與威廉．韋伯（Wilhelm Weber）、倫敦的查爾斯．惠斯登（Charles Wheatstone）和威廉．庫克（William Cooke）等著名科學家，便著手研發最基本的電子遠程通訊。不過此時卻被某位意想不到的人物橫空殺出，搶了他們的鋒頭……

薩繆爾．摩斯在紐約教授美術，並於一八二五年在此與人合夥創立了美國設計學院。一八三二年，他結束了漫長的歐洲學習之旅，經海路返美，當時搭的是「薩利號」（Sully）。在旅途中，他繪製了新型電報系統的草圖，並展示給這艘橫越大西洋輪船的船長看：顯然，這位藝術家在船上不只是靠練習繪畫來打發時間！他的原始設計是用兩組電磁鐵，一組充當繼電器，另一組則驅動機器，以將資訊打在連續捲出的紙條上。但他花了好幾年的時間才做出原型，而且還是草草地將所有元件固定在一個畫架上，並只在一八三五年展示給幾個要好的朋友看。然後他開始計畫在華盛頓跟巴爾的摩之間，蓋一條測試線路，總共籌到了超過三萬美元的巨額資金。雖說線路要到一八四五年才蓋好，但其傳輸品質遠遠超過當時的所有裝置，所以大部分國家都火速改用新的摩斯電報系統，並沿用這位藝術家後來發明的摩斯電碼！

另見

・電池（一八〇〇年）・電磁鐵（一八二〇年）・無線通訊（一八九六年）

公元一八三六年——

左輪手槍

一個不是上校的上校，一種尚未找到買家的神祕武器，一個名為沃克的騎兵：「柯爾特」（Colt）周圍居然有如此多的謎團！

某些發明創造了傳奇，「柯爾特」就是其中之一：若是沒有這種神奇的左輪手槍，西方人有可能征服世界嗎？當然很多都是虛構的，尤其是好萊塢電影與美國西部片演的那些，但其營造的印象已經深植人心。不過正因為美國西部歷史都是靠那六顆子彈打下來的，所以才有必要稍微釐清一下現實與虛構的情節。首先是發明家本人：塞繆爾·柯爾特（Samuel Colt），雖說人們稱他「柯爾特上校」（Colonel Colt），但他從未在美國軍隊中擔任此職務，甚至連制服都沒穿過！

老實說，柯爾特會發明這種東西並非命中注定。他於一八一四年出生在美國康乃狄克州的哈特福德，他的父親雖然只是個農夫，但卻很幸運地與當地首富之一約翰·卡德威爾

（John Caldwell）的女兒結婚。但柯爾特之母不幸在一八二一年死於肺結核後，卡德威爾就將女婿掃地出門：使年幼的塞繆爾．柯爾特一瞬間從王子變青蛙，這段日子他永生難忘。他從十五歲開始當紡織工，然後到商船上當水手；一八三一年，他設計了裝有彈巢的「左輪手槍」原型。至於他到底是從哪兒想到的點子，相關的傳說甚多，有人還推測他是在觀察船舵或蒸汽船的輪子時想到的……不過到現在為止都還是謎。然而連發武器在當時可是相當多人搶著要，所以許多製造商都在努力研發，柯爾特提供的解決方案實在太棒了。

但是從設計到實現可沒那麼簡單，對一個年輕小夥子來說更是如此（柯爾特當時才十七歲）；對生產技術只有基本概念的他，脾氣相當火爆，一天到晚跟合作者起衝突。歷經了三次失敗（哈特福、巴爾的摩、派特森各一次），這名年輕發明家依然在一八三六年取得專利；一八四八年，他遇見了自己一生的貴人（這段歷史到此開始摻雜了虛構情節）：由於在美墨戰爭後光榮返鄉的德國遊騎兵隊長山姆．沃克（Sam Walker）幫忙向政府爭取了一些珍貴的訂單，柯爾特於是返回家鄉，然後建立了一家兵工廠，從此事業蒸蒸日上：一八五〇年生產了八千把左輪手槍，五年後增加到五萬多把，再隔五年變成十五萬多把……實話實說，早在成群的牛仔對西部蠻荒之地發動攻擊前，南北戰爭就已經為它的普及推了一把！

—另見—

・火藥（一〇四四年）　・米哈伊爾・卡拉什尼科夫（一九一九—二〇一三年）

公元一八四三——一九二九——

以利亞．麥考伊

從充滿著奴役與歧視的美洲冒出頭的非裔發明家以利亞．麥考伊（Elijah McCoy）的名聲，延續了幾個世紀。

一八三七年，兩位來自美國肯塔基州的黑奴夫婦，喬治．麥考伊（George McCoy）與艾米莉亞．麥考伊（Emilia McCoy），經由地下鐵路（Underground Railroad，美國北部的廢奴主義者建立的祕密接力網路，用以協助逃跑的奴隸離開南方前往加拿大避難）逃離。在安大略省的科赤斯特定居後，他們經營了一間小農場，六年後兩人的兒子以利亞在此出生。這個男孩在學校表現優異，尤其對科學與技術領域深感興趣。他的父母辛勤工作存錢，終於在一八五九年將他送去蘇格蘭的愛丁堡攻讀工程。

當他返回北美，正是南北戰爭如火如荼的時刻。光是廢止奴隸制度就掀起這等血腥衝突，那消除歧視更是難如登天。以利亞離開加拿大，前往底特律西邊的伊普西蘭蒂定居後，很快就察覺到這一點，因為完全找不到符合其能力的工作。他最後只得接受當地鐵路公司提供的一項低階工作，這也是「黑鬼」唯一能找到的工作：鏟煤並潤滑火車頭上的汽缸和活塞。這份工作相當艱苦，因為得讓鍋爐時時刻刻維持一定的壓力，並不斷地在齒輪上大量的油，以避免受蒸汽腐蝕。以利亞於一八七二年推出的第一樣發明就是跟這有關：既簡單又有效率的自動潤滑裝置，可不停地把潤滑油均勻分布在機器零件上。他於一八七三年申請到專利，並把這項發明用在公司所有的火車上。其他公司努力想模仿出一樣的裝置，但永遠也比不上他的原創設計。所有技術人員要的都是「貨真價實的麥考伊」（the real McCoy），而不是低級的海盜品……這種表達方式從那時開始成為眾人的口頭禪：在美洲，跟銷售人員要「貨真價實的麥考伊」的意思就是，別拿次級品唬弄我們！

這項發明帶來的紅利，除了讓以利亞得以成家（他與同為奴隸後代的瑪麗．埃莉諾拉．德萊尼，於一八七三年結為連理[7]），也讓他成為公司顧問。直到一九二九年過世為止，他總共申請了五十多項專利，大多與蒸汽機有關，其中包括以油和懸浮石墨粉組成的潤滑劑專利。過了約一個世紀後，美國中西部於二〇一二年在底特律蓋了一間大型建築，

7 這是他第二任妻子。（譯注）

以成立新的專利辦事處，並將之命名為「以利亞．麥考伊中西部地區辦事處」，用來紀念這位發明家。

—**另見**—
・蒸汽機（一六八七年）・火車頭（一八〇四年）

公元一八四七—一九三一—

湯瑪斯．愛迪生

「門洛公園的巫師」、「奇才」、「魔術師」等外號中，哪一種最適合用來形容世上擁有最多專利的人——湯瑪斯．愛迪生（Thomas Edison）？

「天才是百分之一的靈感，加上百分之九十九的汗水。」愛迪生這句名言可說是家喻戶曉，他也用一生貫徹這句話，特別是用他流的汗！一八四七年，他出生於俄亥俄州的米蘭，是家中第七個兒子，其父塞繆爾（Samuel）為了維持家計從事過多種行業。一八五四年，他在密西根州的休倫港找到一份木匠工作，於是舉家遷至此地。在此時，小愛迪生赫然發現，父親居然有個小藏書閣，這在當時是很稀奇的事。多虧了他母親南西（Nancy），他後來回憶：「是她教我如何快速又正確地閱讀。」不過這孩子也不是光在家裡忙自己的事：他在一八六〇年代初就陸續開始工作，當時美國正值南北戰爭，他在往返休倫港和底特律的火車上賣糖果，也因此在那裡稍微走運：無意間從火車下救了一個孩子後，這孩子的父親為了報答他，安排他接受電報員的訓練，當時這一行可是相當吃香。

愛迪生努力工作，並因抄錄表現又快又好而深受讚美。不過更厲害的是，他還將裝置稍加做了改良，使得表現更完美，然後他開始將注意力放在別的領域：一八六八年十月十三日，當時在波士頓的西聯匯款（Western Union）工作的他，為自己發明的電子投票機申請了第一項專利，從此開啟了他的專利人生……奇怪的是，雖然這個國家什麼事都要訴諸民意，此發明卻沒有人要用！不過愛迪生的座右銘是：「無論遭遇何種困難，我都不會喪失勇氣。」他先從老本行電報起步，以一種自動裝置打敗其他競爭對手，順利贏得紐約證券交易所的新系統合約，初嘗勝績。

隨後，愛迪生在紐澤西州的紐華克創業，然後移到門洛公園；他在那裡蓋了一間實驗室，在父親監工之下，於一八七六年落成。這位發明家就在此打造自己的傳奇，先是發明了留聲機與亞歷山大．格拉漢姆．貝爾（Alexander Graham Bell）電話用的麥克風，再進軍電力照明領域，因此成為全國甚至世界的知名人物。多年後，愛迪生於一九三一年十月十八日去世，美國總統赫伯特．胡佛（Herbert Hoover）號召他的國民在十月二十一日這天晚上同步熄燈一分鐘（太平洋沿岸為十九點，山區時區為二十點，大平原時區為二十一點，大西洋沿岸則為二十二點），向這位傑出的發明家致敬。

—另見—

・電報（一八三五年）・電話（一八七六年）・唱機（一八八八年）

公元一八五三年——

電梯

起重裝置其實上古時代就有，不過史上第一台電梯要等到一八五三年才誕生，這要歸功於艾利沙．奧蒂斯（Elisha Otis）發明的制動裝置「降落傘」。

為何我們把電梯的發明定於一八五三年，而非更早以前？打從滑輪於上古時代問世起，起重裝置就跟著開始發展，不管是在建築工地搬運材料或是於港口裝卸貨物都得靠它。此外，它還能把活生生的動物吊起來，像羅馬競技場有時就會讓觀眾看到鬥士與兇猛野獸同台對決；某些宮殿也會有這種裝置，像尼祿的金宮裡就有。到了中世紀，一些地勢較高的修道院（聖米歇爾山修道院等）也會擺放這種裝置；十八世紀時，路易十五還特別在凡爾賽宮裝了一台「飛椅」，方便與龐巴度夫人（Pompadour）幽會。但這種裝置在十九世紀上半葉還是沒什麼長進，而且非常危險：如果鋼纜突然斷裂，就只能變自由落體！礦山就因此發生不少事故，而那時的升降梯還是用蒸汽機驅動的；當時的人不是沒試過用液壓式起重器，只是無法升到同樣的高度……

到了十九世紀中葉，這個問題終於被美國發明家艾利沙．奧蒂斯解決：他加裝了「降落傘」裝置。雖然取這種名稱，但它可不會在鋼纜斷掉的時候自動把帆布打開。「降落傘」其實是一種緊急制動系統，當類似狀況一發生，就會因速度過高而啟動。這種緊急煞車雖然也很粗魯，但可以降低傷害……為了說服還在觀望的人，奧蒂斯在一八五三年紐約萬國工業博覽會（世界博覽會前身）期間，用華麗的舞台展示這個裝置。那天在水晶宮（上一屆倫敦展示場的複製品），他爬上升降梯，然後在眾人面前讓他的助手用斧頭把鋼纜砍斷！宣傳奏效，訂單如雪片般飛來：著名的「奧蒂斯電梯公司」就於同年誕生。雖說奧蒂斯沒有直接發明升降梯，但他讓它更安全……並促成了城市空間轉型。從舊城區就可發現，以往都是給窮人住的高樓層，逐漸變成富裕人家的投資標的。而在新大陸，配有「降落傘」的電梯讓更高的建物有機會出現，甚至還可「摩」擦「天」際……

—**另見**—
・滑輪（公元前九百年）

公元一八五八年──

冰箱

製冷這種事只要有皮卡第[8]人就好辦了：冰箱於一八五八年問世，誕生地應該是在穆瓦蘭（Moislains）與亞眠（Amiens）之間的某處。

人類自古以來就要擔心糧食保存的問題。隨著時代演進，已經發展出無數方法，包括冷藏。冷藏從史前時代開始就是首選方式，不過前提是氣候要適合。有些地方，自然之母會高抬貴手，製造一些冰窖。距貝桑松約三十公里的杜河（Doubs），有法國數一數二壯觀的冰川：在格萊斯迪厄（Grâce-Dieu）有個深達六十八公尺的天然冰窖，溫度最低可達零下二十五度C；附近的同名修道院至少從中世紀以來就會到此採冰。後人也有樣學樣，蓋了一些人造冰窟，直到機械製冷器被發明出來。

8 皮卡第（法語：Picardie），是法國的一個舊大區，於二〇一六年起被併入上法蘭西大區（Hauts-de-France）。

一八〇五年，美國費城的發明家奧利弗・埃文斯（Oliver Evans）設計了一台以蒸汽驅動的「製冷機」，是藉由壓縮乙醚使其產生相變化的方式來製冷。某些歷史學家便將冰箱的發明歸功於他，但這也太早了點：埃文斯怎麼能靠一台根本沒做出來的機器，就成為冰箱之父？講難聽點，這樣很多人都能宣稱自己是發明人，例如美國人雅各布・帕金斯（Jacob Perkins），他在一八三〇年代開始接手前任留下的工作。人工製冷發明人的頭銜，最後還是落到三位法國工程師頭上：卡黑（Carré）家的愛德蒙（Edmond）和費迪南（Ferdinand）兩兄弟，以及查爾斯・泰利爾（Charles Tellier），他們從一八五〇年代就開始針對以前的設備進行關鍵改良。

這三位居然都是皮卡第人，難道他們天生就「冷血」？卡黑兄弟所在的穆瓦蘭（位於索姆省）其實與泰利爾所處的亞眠相隔不遠，而他們居然不約而同用氨來當作冷媒（供壓縮與吸收），做出可連續製造冰塊的製冷機。有企業家精神的卡黑兄弟搶在一八五八年申請了專利，藉此得以合法宣稱冰箱是自己發明的，然後在十九世紀下半葉掌握了一部分製冷機市場。而沒那麼精明的泰利爾，一樣達成了一些了不起的成就：一八六七年，他為梅尼爾巧克力（chocolaterie Menier）於諾瓦謝勒的工廠設置了一台製冷機；一八七六年，他又把一艘舊帆船改造成配有絕熱、低溫貨艙的蒸汽船。一八七六年九月二十日，「冰箱號」

（Le Frigorifique）從魯昂出航，並於聖誕節那天帶著載運的三十噸保存完好的肉類抵達布宜諾斯艾利斯！

—另見—

・罐頭（一七九五年）

公元一八六三年——

地鐵

一八六三年一月，倫敦居民終於盼來了第一條地鐵；至於巴黎地鐵還要再等上近四十年才開通，這之前當然少不了好幾場口水戰。

倫敦地鐵從一八六〇年二月開始施工，兩年後通車，剛好趕上世博開幕。雖說這條路線及時出現在參觀者面前，但要等到次年才正式啟用：一八六三年一月九日，大都會鐵路的高層與股東舉辦了通車典禮，並於隔天開放給部分觀禮民眾搭乘。那天售票處前面大排長龍，就為了買這張小紙條，因為只要有它就能在二十分鐘內往返帕丁頓（當年舊名為「主教之路」）與法靈頓，這兩地相隔不過三．五英里（將近五公里）。

地鐵不但是工程技術上的創舉，也反映出英國社會在十九世紀的轉變。自工業革命開始以來，人口不僅增加，也更往市中心集中：一八六〇年的倫敦有三百萬人口，是當時世上人口最多的都市。這樣的情勢也帶來許多挑戰，其中一個就是交通：大家工作的時間差不多，成千上萬的藍領與白領員工每天得在同一時刻上下班。雖說公共馬車於一八二四年正式啟用，接著也開始有固定班次的輕軌運輸，但這些都只能暫時解決問題。自一八六〇年代開始，發展大規模建設的時機已經成熟，既然都市裡空間有限……那蓋在地底下不就好了？英國當時為了實現這個計畫，動員所有包括鐵路建設等方面的專家。

其他城市很快就開始效仿倫敦，雅典和伊斯坦堡分別在一八六九年與一八七五年開通自家的地鐵。至於巴黎則因為政府與大型鐵路公司意見分歧而躊躇不前；前者想先蓋能解決市民移動需求的市內路線，後者則希望優先改善首都圈各大火車站之間的路網……在多年的唇槍舌戰後，最後只能採取折衷方案：一八八五年，政府決定把地鐵軌距設為與火車鐵軌同寬，不過這個城市把地道挖得太窄了，火車根本無法通行！第一條路線是往返馬略門站與文森門站，要等到一九〇〇年五度舉辦世博時才通車。不過有件事比這個幾乎天天上頭條的世紀口水戰還重要：沒有地鐵的巴黎就不是巴黎。

—另見—

- 蒸汽機（一六八七年）
- 火車頭（一八〇四年）

公元一八七四年——

有刺鐵絲網

有刺鐵絲網是伊利諾州農夫約瑟夫．格爾登（Joseph Glidden）於一八七四年發明的；它在成為士兵前進的障礙前，可是農民和畜牧業的好幫手……

在美國中西部大平原（當然別的地方也會），農夫與牧場主之間時有爭端，因為迷途的牛隻有時會無意間毀掉整片莊稼。雖說從遠古時代就已有對策：把農作物圍起來不就好了？不過要把這一大片看不到盡頭的空間圍起來……這大工程不但耗資巨大還得定期維護，沒完沒了！

一八七〇年代，迪卡爾布（離芝加哥不遠）的農民約瑟夫．格爾登，想到了解決方案：用帶有小片刀刃的金屬絲當圍籬，不管是多大多魯莽的牲畜，一碰到就會因痛楚而打消逃跑的念頭。但困難點在於：這些「芒刺」會沿著金屬絲滑動，架出來的網有些部分會因此光禿禿、沒有刺，牛群要由此突破可是輕而易舉。後來他在看自己的妻子操作咖啡研磨器時想到一個超棒的點子：把兩條金屬線絞扭在一起，一條有芒刺，另一條固定這些芒刺。一八七四年十一月二十四日，他為自己的發明申請了專利，並把它取名為「贏家」（The Winner）。

「贏家」一開始讓附近的牧場心驚膽戰，不時會被他們用鉗子破壞……不過他們後來也覺得這東西不錯，開始用來圍住自己的牲畜。一八八二年，新罕布夏州農業部發表了一份報告指出，這種裝置集堅固、耐用、便宜等優點於一身：「有刺鐵絲網在西部的極端條件下相當耐用。與一般金屬絲相比，絞扭過的金屬絲比較不會因為酷熱而鬆弛，所以不易變形或損壞。牢牢固定其上的芒刺可以有效阻止動物突破圍籬，但又不會傷害牠們。其輕便性也可便於運輸與建構使用。為因應不同用途，這種裝置也越來越多樣化，不但易於安裝，裝好後也相當耐用，各種用途都適用。」約瑟夫．格爾登與當地的企業家聯手合作生產有刺鐵絲網，產量從一八七五年的二百七十噸，進步到一九〇一年的十五萬噸……靠這芒刺網聞名的迪卡爾布也因此多了個外號「芒刺之城」。

但草原上的幸福時光維持不久：當有刺鐵絲網從麥田搬到戰場，尤其是第一次世界大戰的戰場時，這項發明很快就展現驚人的殺傷力……

—**另見**—
- 收割機（一八三一年）
- 坦克（一九一七年）

電話

一八七六年，史上最早的電話通訊在美國試驗成功，這都要歸功於亞歷山大．格拉漢姆．貝爾（Alexander Graham Bell）……

電話的問世，為當年以電報為主流的通訊技術帶來重大突破：不再只能遵照既有的編碼發送電子脈衝訊號，現在還可以直接傳送聲音，甚至對話。有人在這得來不易的聲音裡注入了所有熱情，他就是亞歷山大．貝爾。他於一八四七年生於愛丁堡，祖父亞歷山大．貝爾（與他同名）是語言表達機制專家，父親亞歷山大．梅維爾．貝爾則是聲學語音研究者。這些同名同姓的祖輩父輩積累的家學淵源，加上失聰的母親艾莉莎．格蕾絲（Eliza Grace），也許這一切都是命中注定！在倫敦修習發音生理學後，亞歷山大與父母一同移居新大陸；一八七〇年先到加拿大，再於隔年轉往父親新工作的所在地波士頓。這個年輕人開始為聽障人士授課，並在一八七七年與他的首班學生之一——梅寶．加德納．哈伯德

（Mabel Gardiner Hubbard）結為連理……

當時的亞歷山大．格拉漢姆．貝爾（格拉漢姆是他為自己取的名字）已經做出這個即將改寫歷史的發明。靠著家學淵源與自己的努力，他意識到聲音是一種力學振動，可以轉成電子訊號，然後再重建回來。一八七六年三月七日，他為自己的第一號發送器－接收器申請專利。這種裝置的原理是用聲音使金屬薄膜產生振動，置於其後的電磁鐵因此產生感應電流並輸入電纜……電纜的另一端則有類似的機器，可將電流訊號還原：先輸入電磁鐵產生感應磁場，使金屬薄膜振動，再根據振動重建聲音，整個系統兩端就如同鏡像一般。這位正值而立之年的發明家，在當時已預見此設備未來會大紅大紫，所以他於一八七七年成立了一家在商業和科學領域都前途無量的公司，也就是貝爾電話公司。

而除了裝置本身與其改良以外，電話網路還有一個重要的單元——電信商經營的接線中心，以建立發話者與受話者的連線，很多藝術表現與故事情節都是以此為靈感。不過自動電話交換機很快就跟著出現了：一八八九年，密蘇里州殯葬業者阿爾蒙．斯特羅格（Almon Strowger）為此申請了專利。他幹嘛沒事發明這個？他堅信是主要競爭對手的妻子把客戶的電話都轉走了，因為她是堪薩斯城的接線員……

—另見—

・電磁鐵（一八二〇年）・電報（一八三五年）・行動電話（一九七三年）

公元一八八三年——

垃圾桶

公元一八八三年十一月，法國塞納省省長尤金・普貝爾（Eugène Poubelle）發布一道法令，正式將新的垃圾收集裝置引進巴黎……

長期以來，人們都得「自行處理」自家的垃圾。這個有點籠統的場面話，背後隱藏著一個赤裸裸的現實：垃圾得在被棄置處自生自滅。若是人類一直過著游牧生活，那基本上不成問題；一旦開始定居，對公共衛生就會有不好的影響。中東與古埃及都有基本的垃圾處理措施，後來古希臘和古羅馬也跟進，與一系列公衛措施並行：當時最普遍的方式是將垃圾移至城外，最好是集中在坑裡；沒有洞可塞入的話，至少也要擺在空氣流通處。

儘管如此，整個街頭還是遍地垃圾，就這樣持續了數百年。中世紀史學家讓・皮埃爾・勒蓋（Jean-Pierre Leguay）於《在中世紀的街道》（*La rue au Moyen Âge*）中露骨地描述，當時滿街都是爭相搶吃垃圾的狗與豬，「空氣中還瀰漫著肥水的惡臭」，真是讓人傻眼的景象！當權者其實多次試圖採取行動以改善這種情況，光是在法國，腓力二世．奧古斯都（Philippe Auguste）、法蘭索瓦一世（最早開始規劃垃圾收集服務）、路易十四等君王都試圖加以整頓，但都未能成功。巴黎市民已經很習慣把垃圾（跟自己的大小便）從窗戶扔出去，讓剛好經過的無辜路人遭殃，且從來不想改。

好在第三共和終於使這種噁心的場面畫下句點。一八八三年十月，法國總統儒勒．格雷維（Jules Grévy）任命以擅長處理公衛問題聞名的尤金．普貝爾為新任塞納省省長。隔月，這位高級行政長官簽署一項法令，禁止居民將垃圾棄置在街道上，而且必須集中放置在某個有蓋的桶子中，門房必須在規定時間才可將桶子連同裡面的垃圾拿出去。這些桶子是由承辦商提供給承租戶，外觀均符合單一規格，可用起重裝置提起後，倒入裝運車中。

巴黎人嘴上嫌首都環境髒亂，結果身體倒是很誠實地排斥這項發明，真是矛盾的生物。一些報紙用「垃圾尼祿」來形容這位省長，靠巴黎垃圾餬口的拾荒者也因懼怕生計受影響而加入戰局。普貝爾只好稍微放寬法令，允許門房可在晚上就把垃圾桶推出門外，讓拾荒者在隔天太陽出現前都能在裡頭撈金。就像當年古羅馬皇帝發明的「小便處」一樣，共和國省長的「垃圾桶」（poubelle）終於成功征服了這座城市，再也不離開。

另見

・下水道（公元前三千年）

公元一八八八年——

唱機

公元一八八八年，愛米爾．貝利納（Émile Berliner）發明了唱機；雖說它不是史上第一台能錄音的裝置，但它在市場上可是大紅大紫！

史上第一號錄音設備其實是法國人愛德華—萊昂．斯科特．德．馬丁維爾（Édouard-Léon Scott de Martinville）在一八五三年發明的「聲波記錄器」（並於一八五七年獲得專利），這是一條一端有隔膜、另一端有根刺針的傳聲管，隔膜因聲音產生的振動透過傳聲管傳遞到刺針，而刺針因振動在塗滿黑碳的滾筒上劃下痕跡。但這種裝置只能錄音，沒法把聲音還原出來！稍微提醒一下，德．馬丁維爾當初發明這個裝置本來就不是為了錄音；他只是出於藝術或科學方面的考慮，才想要擷取聲波的圖像，以清楚地描述他在聲學方面的工作。

二十年後的一八七七年十二月二十二日，湯瑪斯．愛迪生在美國申請了「留聲機」的專利，這台裝置跟剛才提到的那台差不多，但多了一個重大改良：將滾筒用錫箔包住，使刺針能隨振動在上面刻下深淺不一的凹痕，而非單純劃下描述聲波的線條。之後，只要讓刺針重新通過這些凹痕，就能重建隔膜的振動並還原聲音，再用上面的喇叭筒將聲音放大。不過依然得多說一句：雖說可以還原聲音，但滾筒實在太難用了。然而考慮到背後廣大的商機，愛迪生依然深具信心，在他的公司與亞歷山大．格拉漢姆．貝爾的公司攜手合作後更是如此：貝爾在這之前做出重大改良，用塗了蠟的紙板圓筒取代原來的錫箔圓筒。當時有誰敢跟美國最頂尖的發明家——愛迪生——貝爾聯盟競爭？

至於最先發明唱機的，是德裔移民愛米爾．貝利納，他於一八五一年出生在漢諾威王國，一八七〇年代初搬到美國。一八八八年，他突然對錄音媒介有個絕妙點子：用塗了蟲膠（乙烯基要等到一九四五年才問世）的鋅盤代替了圓筒，可以讓刺針在錄音時用同一平面記錄……「唱機」與唱片的誕生令當代大眾眼睛為之一亮，就如丹尼斯．貝杜因（Denis Beaudouin）、喬治．查普西爾（Georges Chapouthier）和米歇爾．拉古斯（Michel Laguës）在《發明的記憶》（*L'invention de la mémoire*）一書中說的那樣：「僅僅花了二十年左右的時間，聲音的紀錄與重現就從工業的實驗領域跨出，迎向大眾。」所以我們怎麼可以忘記多年前的祖師爺斯科特．德．馬丁維爾？當然不行！二〇〇八年，加州伯克利實驗室的研究人員採用最先進的數位技術，成功還原他在一八六〇年四月九日錄的《月光下》並且重製，隨後再將這段優美的旋律放上網際網路供所有人下載，讓大家都能聆聽這段最古老的錄音。

—另見—

・湯瑪斯・愛迪生（一八四七－一九三一年）・電話（一八七六年）

公元一八九〇年——

飛機

一八九〇年，史上第一架飛機問世，但它真的能飛嗎？到底是克雷芒・阿德爾（Clément Ader）還是萊特兄弟（frères Wright）先發明出來？這個爭論始終沒有結果。

人類自誕生以來就想要征服頭上這片天空，至少表面上是這樣：不相信的話，看看這點在神話和宗教中有多重要就知道了：荷米斯（Hermès）的涼鞋、帽子或頭盔上都裝了翅膀，伊卡洛斯（Icarus）也是靠羽毛翼才能逃離迷宮，基督教的天使長或天使背上也都有翅膀……在科學與技術方面也舉足輕重：亞里斯多德在他的《動物志》裡研究鳥類如何飛翔，李奧納多・達文西也留下不少飛行器的手稿。但真正的困難在於怎麼做出來！

這方面有兩組人馬在競爭。一組是滑翔機的愛好者，他們基本上是參考風箏這個古老發明；但這一組已有多人殉身，因為他們的試驗常得在高地或高大建築物等處進行，只是結果通常讓人鼻痠！相較之下，振翅型飛機（飛機翅膀可像鳥類一樣拍動）一派的信徒傷亡較少；但儘管他們一再努力，用上人力、動物甚至機器，都無法產生足夠的能量來離開地面……問題就出在這裡：當時引擎所能製造的動力還不足以讓「比空氣重的東西」起飛，只能眼睜睜看著孟格菲兄弟的「比空氣輕的東西」先一步升天。一路走來，蒸汽機誕生了，但它實在太重了，產生的動力也無法滿足雄心萬丈的飛行員……

十九世紀中葉開始，此時內燃機和活塞引擎已經問世，技術進步到稍微出現轉機。一八九〇年十月九日，法國土魯斯的工程師克雷芒．阿德爾率先在格雷茨阿曼維埃城堡公園（位於塞納—馬恩省）用一組機械引擎起飛。「埃俄羅斯號」（Eole）的翼展十四公尺，重量兩百九十五公斤，靠著二十四馬力的發動機與四只竹製的螺旋槳，飛行了將近五十公尺……但這個「與其說是飛行，不如說是跳躍」的壯舉並不被認可，後來的試驗也無法再重現同樣水準，即使是後來製造的新型機「仄費羅斯」（Zéphyr）與「艾奎倫」（Aquilon）也一樣。而在一九〇三年十二月十七日，美國自行車製造商萊特兄弟，成功地以配有十二匹馬力發動機的「飛行者」（Flyer）完成他們首次的飛行。雖說距離只有區區幾公尺，一樣算不上飛行只能算跳躍，但他們可以在見證者面前連做四次。

—另見—

・風箏（公元前三千年）

・李奧納多・達文西（一四五二—一五一九年）

・熱氣球（一七八三年）

公元一八九五年——
電影

……盧米埃兄弟（Lumière）一生共取得兩百多項專利，但其中最了不起的應該是一八九五年誕生的夢之工廠，也就是電影。……

「該裝置的基本原理是利用等距打孔的膠卷，以等時間差記錄不同瞬間的影像，然後以同樣時間差連續放映，使畫面連續變化。」（幾乎）用一句話就概括了全部……盧米埃兄弟，奧古斯塔（Auguste）和路易（Louis）在一八九五年二月十三日呈交專利申請時，在前言就是如此敘述他們的「電影放映機」原理。當然，技術上的細節更複雜：利用偏心凸輪裝置，將旋轉的曲柄轉換成垂直的來回動作，插入凹槽軌的底片以抓片爪固定，裝置以每秒十六張影像的頻率，進行收爪、底片前進一格、伸爪固定底片的動作，同樣的動作也可用來將負片重製成正片，這個小型攝影機（小於五公斤）同時具備了攝影機與放影機的功能……

這兩兄弟當時一個三十二歲，一個三十歲，還只是無名小卒。父親安東尼·盧米埃（Antoine Lumière）是於貝桑松開業的攝影師，但因普魯士的進逼下於一八七〇年遷至里昂；在父親鼓勵之下，兩兄弟先是在當地最負盛名的技術學校（馬提內爾）就學，然後投入了這個蓬勃發展的領域。熱愛化學的路易於一八八一年發明了容易使用的乾式感光片「藍標」，自此全家不愁吃穿；為了滿足市場需求，他在里昂郊區的蒙普拉錫爾蓋了一間工廠來生產；到本世紀結束前，每天可生產近五百萬張感光片！

一八九四年秋天，安東尼在巴黎出席了一場展示會，展示的是湯瑪斯·愛迪生發明的「活動電影攝影機」與「活動電影放映機」：前者可以三十五公釐的膠片拍攝長度約三十秒的影像，後者則可讓單人透過小窗口觀賞拍攝的影像。他回到里昂後，鼓勵自己的兒子們改良這個裝置……結果很快就完成了：一八九五年三月二十二日，路易·盧米埃在巴黎公開展示了自己拍攝的《離開工廠》（*Sortie d'Usine*）；雖說這不是史上第一部電影，但這是史上第一部可以在室內同時供多人觀賞的電影。之後兩兄弟陸續在巴黎、里昂、拉西奧塔、布魯塞爾、魯汶、格勒諾布爾等地舉行了十一場不公開放映，除了《離開工廠》外，他們還接連製作了《捉金魚》（*La Pêche aux poissons rouges*）、《嬰兒的午餐》（*Le repas de bébé*）等作品；一八九五年十二月二十八日，他們終於正式在巴黎大咖啡館的印度沙龍內，舉行需買票入場的正式公映……偉大的電影歷史自此開始，並不斷地進化！

—另見—
・攝影（一八二六年）
・湯瑪斯・愛迪生（一八四七—一九三一年）

公元一八九五年——

X光攝影

一八九五年，物理學家威廉·倫琴（Wilhelm Röntgen）發現了一種奇怪的光，一場介於科學和醫學之間的冒險就此展開……

一八九五年十一月八日，倫琴在他德國符茲堡大學物理研究所的實驗室裡待到很晚。這當然不是頭一回：這位一八四五年出生於西發利亞（Westphalie）的實驗學家不僅經驗老到，也全心投入自己寶貴的研究工作。但當晚的情景他這輩子都忘不了，其餘因他研究受益的科學家們也一樣。他在次年回憶起那時的情景：「我很早以前就對赫茲（Hertz）與萊納德（Lenard）傾心研究的陰極射線有興趣……當我有空，我就想用它做些個人研究……我用黑紙包住克魯克斯管，並在桌邊放了一塊氰亞鉑酸鋇屏。將管子通電後，我發現屏上出現一道特別的黑線。整個管子都已經用黑紙包住了，光怎麼可能還會從裡面跑出來……我認為我發現某樣新東西，但我對它一無所知。」

這裡稍做補充。克魯克斯管是一種實驗裝置，其名來自其發明者威廉・克魯克斯（William Crookes）；它就是一條玻璃管，只是管內兩端各擺了一個電極——陰極和陽極。將管子抽真空後，在兩極接上高壓使之放電產生射線；管外纏繞線圈，線圈通電後便會產生磁場，使射線偏向。一八六九年，德國物理學家約翰・威廉・希托夫（Johan Wilhelm Hittorf）首次觀察到這種陰極發出的射線（或稱「陰極射線」）；自此，許多科學家前仆後繼想揭開其奧祕，最後是約瑟夫・約翰・湯姆森（Joseph John Thomson）於一八九七年拔得頭籌，證實了電子的存在。不過倫琴之所以能在一八九五年十一月八日發現「某樣新東西」，都是靠那塊氰亞鉑酸鋇屏，後來這東西就被拿來當屏幕；至於那道神祕的光線終於在不久後的十二月二十八日有了名字——「X射線」（X），首次對外發表這份研究時就是用這個字稱呼……因為作者當時還不知道這是什麼！

之後，這位物理學家試著在屏幕前擺放不同的物體，讓X光照看看。一八九五年十二月二十二日，他居然叫他勇敢的另一半把自己的手放上去……醫學X射線照相技術從此誕生！這一發現為基礎研究本身及其應用開闢了廣闊的前景；十七年後，馬克斯・馮・勞厄（Max von Laue）又邁出了決定性的一步，使世人加深對X射線電磁特性的理解。威廉・倫琴也因對X射線的研究，在一九〇一年贏得了史上第一個諾貝爾物理學獎。

—另見—
・攝影（一八二六年）
・阿佛烈・諾貝爾（一八三三—一八九六年）

公元一八九六年——

無線電

人們通常將無線電的誕生歸功於馬可尼。但我們絕不能忘記無線通訊的發展始末，以及眾多傑出科學家在其中扮演的角色！

一八九六年六月二日，義大利人古列爾莫．馬可尼（Guglielmo Marconi）在英國為自己的「脈衝傳輸與電子信號的改良」中請專利，自此開始無線電的歷史。緊接著又在大西洋兩岸註冊了其他專利，這位物理學家兼企業家將其發明稱為「無線電報」（wireless telegraphy），藉以宣示此裝置與六十年前摩斯發明的電報之間的關係。無線電跟電報一樣能遠距離傳輸訊號，但是技術上更先進：不再需要蓋複雜又昂貴的電纜網路，因為無線電波可以神奇地隔空傳播！

「無線電波」是什麼東西？這可是本篇的重點。光提到這個專有名詞就足以讓人回憶起，在無線通訊的歷史正式開演前，十九世紀的幾個重量級科學家交織出的「史前史」。

首先是麥可．法拉第：他發現了電磁感應，因此被尊為電子業的開山祖師……不過他其實也算是無線通訊的祖師爺，因為他當年預言電磁力可如同波一樣地傳遞，「就像水面上的漣漪」。接著是詹姆斯．克拉克．馬克士威（James Clerck Maxwell），他在電磁學和光學方面的研究，為物理學奠定了一座貨真價實的里程碑：法拉第當年的直覺，終於在一個半世紀後，等到一套讓所有學者讚嘆信服的理論基礎。再來是海因里希．赫茲（Heinrich Hertz）：一八八八年，他在卡爾斯魯爾以精湛的實驗證明電磁波的存在，特別是低頻無線電波（後來被命名為「hertziennes」）。再下來出場的是一八九〇年代的科學家們：法國的愛德華．布朗利（Édouard Branly）和英國的歐里佛．洛茲（Oliver Lodge）研發的無線電傳導與檢波器，被俄羅斯人亞歷山大．波波夫（Alexandre Popov）拿來檢測風暴，順便加了根桿子，變成我們今日說的天線；再來是尤金．杜葛雷特（Eugène Ducretet）、尼古拉．特斯拉（Nikola Tesla）……

總之，雖說無線電之父只能有一個，但它依然有一長串的祖輩、曾祖輩、高祖輩……就像前面提到的收割機一樣，馬可尼其實也是收割了前人的研究：他在一八九五年收集了赫茲用的設備，加上布朗利的檢波器、波波夫的天線，然後建立了他的無線電訊公司；一八九九年，該公司進行首次的跨英吉利海峽的通訊，兩年後又在康瓦爾郡與紐芬蘭島之間成功進行跨大西洋通訊，這兩地相隔約三千六百公里。

另見

・電磁鐵（一八二〇年）

・電報（一八三五年）

二十世紀

發明世界在二十世紀經歷了許多徹底的轉變。有些人在上一世紀就已憑藉自己的發明嶄露頭角，因為這可是投資報酬率很高的行業：只要產品能受歡迎，背後商機相當大，上個世紀的阿佛烈．諾貝爾、湯瑪斯．愛迪生等知名人物都靠此發跡。但由於全球化與新科技興起，新發明數量往上提升了一個數量級：到了二十世紀末，發明家可以先用幾千塊美金成立自己的「新創企業」，然後在隔年以幾億美元高價轉售……這就是這些人爭先恐後地步入發明之路的原因。若他們當初有研究過李奧納多．達文西、班傑明．富蘭克林，甚至是亞歷山大．格拉漢姆．貝爾等先賢當年的發跡史，應該會很震驚吧！

同時，靠單人獨立完成的發明愈來愈少，由整個公司集思廣益研發出的產品則愈來愈多。當然還是有例外，有時光靠一點才智、專注或運氣，就能有決定性的轉變。不過這種事不是天天都能遇到，阿基米德也是在同一個浴缸內泡了無數次，才有一次「尤里卡！」出來。像是機器人、電腦、行動電話、無線網路等，雖說檯面上有個公認的父親（或母親，雖然很罕見），但背後其實隱藏了無數人的心血，孰多孰少其實已經很難分了，這幾十位（甚至幾百位）的貢獻通常不為人知。對某些有戰略意義的發明來說（例如火箭、雷達、衛星或網際網路等）尤其如此，因為這方面牽涉到眾多機密，史學家需要花很長時間才能抽絲剝繭。

不過從中也浮現另一個問題：這個世紀不僅技術突飛猛進，也上演了一幕幕人間慘劇，其中最惡名昭彰的例子，當屬第二次世界大戰期間的原子彈。戰爭會不會才是發明的主要動力？雖然這個問題值得商榷，但戰時出產的大量發明，通常是從過去發現的理論衍生出的應用，這點跟其他時期還是有一點差別的。

公元一九一四－二〇〇〇年——

海蒂．拉瑪

有「世界上最美麗的女人」封號的海蒂．拉瑪（Hedy Lamarr）發明了跳頻技術，這是一種能確保通訊安全的技術。

這是發明史上一顆亮眼的彗星！一九一四年十一月九日，海德維希．伊娃．瑪麗亞．凱斯勒（Hedwig Eva Maria Kiesler）於維也納出生。她在一九六六年出版的自傳《神魂顛倒與我》（*Ecstasy and Me*）中吐露自己對第七藝術的熱情：「我掏光了自己的錢，就為了成為顛倒眾生的電影明星。」有個銀行家父親和鋼琴家母親的她，每天放學後都會去薩沙電影（位於奧地利，是默片時期最具知名度的電影製作公司）的攝影棚。在那邊工作的幾位導演，很快就注意到她的絕世美貌，其中，喬治．雅各比（Georg Jacoby）為她在電影《玻璃水杯風暴》（*Tempête dans un verre d'eau*）中安插了一個小角色。這部電影於一九三一年相繼在奧地利和德國上映，她的職業生涯也就此展開，並持續了三十幾年。

一九三三年，古斯塔夫・馬蒂（Gustav Machaty）的驚世作品《神魂顛倒》（*Ecstasy*）上映；海德維希在片中不但全裸上鏡，而且還在鏡頭前演出性高潮，這對那個年代而言，可以說是毫無廉恥的表現。過了不久，她與勢力龐大的軍火商弗里茨・曼德爾（Friedrich Mandl）結婚，但婚後卻被妒忌心重又冷酷的丈夫囚禁在金色的牢籠中，毫無自由。直到一九三七年，她在前往巴黎的火車上，下藥迷昏負責監視的女管家，才得以逃脫。之後她改名為海蒂・拉瑪，成為好萊塢演員。在米高梅副總裁路易・B・梅耶（Louis B.Mayer）的支持下，她與金・維多爾（King Vidor）、維克托・弗萊明（Victor Fleming）、西席・地密爾（Cecil B. DeMille）等知名導演合作，地密爾還讓她在一九四八年上映的《霸王妖姬》（*Samson et Dalila*）中擔任女主角。可惜的是，她在這個競爭激烈的環境中逐漸失利，作品越來越少，這位女演員最終黯然在一九六〇年代息影。

但她最不為人知的一段過往，神祕到甚至在自傳中也未曾提及的，是一九四〇年她在鋼琴家兼作曲家，喬治・安塞爾（George Antheil）的幫助下，發明了一種相當出色的通訊技術，可以在不受敵方干擾下，維持船艦與偵察機之間的通訊。某些人說她個這點子是抄來的，甚至還懷疑，她是靠色誘某些自鳴得意的科學家才偷到這個點子……至於美國海軍，在研究這個靠不斷轉換傳輸頻率來保障通訊的點子後，決定將這兩人於一九四二年八月十一日申請的專利列為「國防機密」。多年後，這位女演員的這項才華才為人所知，原來她是從前夫弗里茨·曼德爾於一九三〇年代設計的裝置中找到靈感。一九九七年，已屆遲暮的海蒂·拉瑪終於因其貢獻，獲頒電子前哨基金會的榮譽技術獎章。曾經美到足以代言白雪公主的「世界上最美麗的女人」，在半個多世紀後終於被大眾承認，其才華與其外貌相比，毫不遜色。

—另見—

- 無線電（一八九六年）
- 雷達（一九三五年）

公元一九一五年——

聲納

法國在一戰最後幾個月才開發出來的聲納，在一九三九—一九四五年的第二次世界大戰中大顯身手。

壕溝、泥濘、屍體……世界大戰雖說只是一群人為了把國界往敵方再推個幾公尺導致的軍事衝突，但在慘烈的肉搏戰下，毛骨悚然的故事一幕接一幕地上演……而且場景還不只局限在戰線上。德國在海上也出動了威力強大的U型潛艇，釀成了種種血腥衝突。當然潛艇不是那個時候才發明的：早在一六二〇年代，克尼利厄斯·德貝爾（Cornelius Drebbel）就造了一台並在泰晤士河下水，這台潛艇裡頭有十二名槳手負責推進，裡面有條管子可以伸出水面通氣。到了十九、二十世紀後，由於柴油引擎與潛望鏡等先進技術大量出現，才將這個設備改造成強大的武器。

但在一戰剛爆發時，剛簽了「三國協約」的英法俄聯軍並未意識到這種新威脅。一九一四年九月二十二日那天，他們終於嘗到慘痛的教訓：德國潛艇U－9只花了不到一個小時，就讓三艘英國巡洋艦沉到北海海底。更糟糕的還在後面：一九一五年五月七日，郵輪「皇家郵輪盧西塔尼亞號」（RMS Lusitania）在愛爾蘭外海被U－20發射的魚雷擊沉，其中約一千兩百名乘客不幸葬身大海；此舉不但引起國際社會的同聲譴責，防禦水下攻擊的相關研究也開始受到重視。最初研發的是被動偵測系統，也就是能根據水下機械裝置發出的聲音定位的「水中聽音器」……但等到監聽員察覺不明機械靠近時，通常為時已晚！

用超音波來偵測的想法，是來自一位俄羅斯科學家康斯坦丁·凱洛夫斯基（Constantin Chilowski），他於一九一五年向法國提出這個計畫。法國便委託當時的重量級科學家保羅·朗之萬（Paul Langevin），與他合作進行研發。這兩位物理學家的研究計畫被認為相當有前瞻性，所以於一九一六年四月被轉移到土倫的海洋研究中心。次年，此計畫促成了反潛偵測委員會（Anti-Submarine Detection Investigation Committee，ASDIC）的成立：保羅·朗之萬建議利用皮耶·居禮（Pierre Curie）與其兄雅克（Jacques）於一八八〇年發現的石英壓電特性，將超音波的回波轉換為電子振盪訊號，然後放大振幅方便耳機監聽。這種比「水中聽音器」更加實用的設備，從一九一八年夏天起逐步研發……雖然已經來不及趕上這場戰爭，但在下一場馬上派上用場；它在一次次實戰中被逐步改良，並有了聲納

（Sonar）這個官方名稱（Sound Navigation and Ranging，意為「聲音導航和測距」）。

—另見—

・船（公元前八千年）　・雷達（一九三五年）

公元一九一七年——

坦克

製造坦克需要的技術其實在一戰之前很久，就已經湊齊。都是這場沒完沒了的仗，才讓它不得不於一九一五年誕生。

戰車早在很久以前就出現了，公元前三千紀中葉的美索不達米亞就有：其華麗的身影就出現在著名的「烏爾軍旗」上（「戰爭面孔」那面）。至於配置裝甲的構想也不是前一天才有（雖然沒那麼久遠）：李奧納多．達文西早在一四八二年就想到了，他設計了一台圓錐狀的木製機械，內層配有金屬裝甲並裝備輪子與大砲，可搭載八人，這座名副其實的移動塔樓，可在短時間內打亂敵軍陣形。不過現代化的突擊坦克要等到一九一七年四月才出現在戰場上，但那也不算什麼新東西，上面的履帶是美國人班傑明．霍爾特（Benjamin Holt）發明出來給農業機械用的，專利早在一九〇七年十二月十九日就拿到了。

若是一戰爆發前就已具備所有需要的技術，為何沒人早些想到要做出來？頭號原因當然是戰略考量：一九一四年八月，多數參謀部高層依然迷信騎兵與步兵戰術的優越性，法國尤甚。報應很快就來了：一九一四年八月二十二日，法國騎兵上刺刀往位於沙勒羅瓦的德國陣地衝鋒而去，結果一天之內陣亡了二萬七千名士兵！漸漸地，為了避免這種血腥屠殺再次上演，與戰者開始築壕溝掩護友軍；而此時包括砲兵上校尚．埃斯蒂安（Jean Estienne）等軍官開始建議採用裝甲車。但做起來沒那麼容易：戰場已經被綿長的戰線一分為二，要設計一輛能在槍林彈雨中從容穿過泥濘不堪，甚至還布有鐵絲網的無人區，而且還不會損壞的戰車，這是何等的挑戰！自一九一五年起，英國人跟法國人相繼研發了幾種裝置，但效果都大同小異：這些初期的坦克既慢又笨重且不易操控，一出場就會成為敵方砲手的主要目標。一九一七年四月十六日的貴婦小徑保衛戰，投入貝里歐巴克的一百二十八輛坦克中，有七十六輛被殲滅。

最後的救星是埃斯蒂安將軍（於一九一六年晉升）與企業家路易．雷諾（Louis Renault）並行研發的裝置，也就是配備了機關槍與三十七毫米口徑大砲的輕型坦克FT－17；它可搭載兩人，最高時速達八公里。更重要的是，打從一九一八年夏天開始投入戰場後，它的表現完全搶去其他武器的鋒頭；此機型一共生產超過三千多輛，愛用者遍及全世界。果然是名副其實的「勝利坦克」！

另見

・火藥（一〇四四年）
・李奧納多・達文西（一四五二－一五一九年）
・有刺鐵絲網（一八七四年）
・米哈伊爾・卡拉什尼科夫（一九一九－二〇一三年）

●●● 公元一九一九—二〇一三年—

米哈伊爾・卡拉什尼科夫

米哈伊爾．卡拉什尼科夫（Mikhail Kalashnikov）發明了數十種武器，但他之所以聞名天下，得歸功於那把全世界最愛用的突擊步槍——AK系列……

「由於我的發明奪去了無數人的生命，我遭受了精神上的折磨：作為基督徒兼東正教徒，我應該對他們的死亡負責嗎？」二〇一二年，有位即將油盡燈枯的老人在寄給東正教教長，莫斯科的基里爾（Cyrille de Moscou）的信中寫下了這段話。此人的大名已經出現在歷史上很長一段時間了：他就是米哈伊爾．卡拉什尼科夫。

一九一九年十一月十日，米哈伊爾在（蘇聯）西伯利亞的庫里亞出生，其家庭在當時是屬於「富農」階級的小康農民，也就是說他們有足夠的土地來僱用一些農工……總之，對當時的蘇聯政權來說，他們是人民公敵。雖然在一九三〇年被驅逐到西伯利亞，卡拉什尼科夫一家並未感到絕望，即使已經失去一切，這戶人家的一家之主與十九個孩子中的其中幾個（包括小米哈伊爾）仍然熱中狩獵，他們很早就開始用槍。十七歲那年，米哈伊爾在往返突厥斯坦－西伯利亞的鐵路段上當技工，一九三八年應徵入伍，加入基輔的裝甲師。他本來想開坦克，但由於對一些機械與托卡列夫半自動手槍等武器提出多項技術改良，引起上級的注意。

一九四一年六月，德國開始入侵，「偉大的衛國戰爭」就此開打，米哈伊爾．卡拉什尼科夫負責駕駛T－34坦克出擊。紅軍與勢如破竹的納粹大軍交戰，他在布良斯克戰役中受傷住院，直到一九四二年四月才出院。他用這幾個月的時間設計新的突擊步槍，以確保交戰後能得勝為最高原則：AK系列（Avtomat Kalashnikova）步槍不但製造成本低廉，易於使用與維護，堅如磐石，即使是在最糟糕的環境（水下或沙子裡）也幾乎不會壞。這種武器於一九四七年正式被紅軍採用（所以它被稱作AK－47），然後很快成為全世界戰士的愛用武器：自問世以來，原廠和複製品加起來至少已經有一億把。

垂垂老矣的卡拉什尼科夫，在意識到很快就要去見上帝後，開始被罪惡感縈繞，因為死於AK步槍之下的人不計其數。莫斯科的基里爾教長試圖減輕他的內疚：他公開回應米哈伊爾．卡拉什尼科夫，向他保證「當武器被設計用來保衛國家時，教會會支持使用武器的人和武器的發明者……」

—另見—

・火藥（一〇四四年）
・左輪手槍（一八三六年）
・坦克（一九一七年）

公元一九二一年——

機器人

其名其實比其物還早出現：「機器人」（robot）一詞最早出現在一九二一年的一齣戲中。當時已經有人在擔心它會不會反抗人類……

在機器人出現之前，就有所謂的「自動裝置」；如果古羅馬作家奧盧斯·格利烏斯（Aulu-Gelle）說的沒錯，它的歷史可以追溯到公元前四世紀的古希臘。他在著作《阿提卡之夜》第十卷中，回憶起他林敦的阿爾庫塔斯（Archytas de Tarente）的鴿子，那是一隻由其好友柏拉圖製作的木製小鳥，能「藉由祕密封在氣囊的氣體驅動」而起飛，原理應該就像今日的氣球一樣，一鬆開封口就到處亂衝。一個世紀後，拜占庭的費隆與克特西比烏斯也提到類似的東西，然後亞歷山卓的希羅在公元一世紀寫的《自動人形》中也有同樣的想法。不管是中世紀還是近代，這個裝置依然沒有過時：《法蘭克王家年代記》裡提到，巴格達的哈里發，哈倫·拉希德（Haroun al-Rachid）曾在公元八〇七年獻給查理曼大帝

（Charlemagne）一件自動裝置……當然我們不能漏掉文藝復興時期的李奧納多．達文西、啟蒙時代的雅克．德．沃康松（Jacques Vaucanson）等人的發明。

雖然看起來很新奇，但這些自動裝置有同樣的缺陷：單純用齒輪驅動，所以只能重複做同樣的事。至於機器人就不一樣了：「機器人」一詞首次出現，是在捷克作家卡雷爾．恰佩克（Karel Capek）筆下的《羅梭的萬能工人》（*Rossumovi Univerzální Roboti*），這部科幻舞台劇於一九二一年在布拉格首演。作家想像中的機器人（robot這個字是從斯拉夫語的「rabota」聯想而來，這字的本意為「勞役」；目前波蘭等地仍沿用「robotnik」一詞代表工人），跟只能重複同樣動作的自動裝置不同，它們具有基本智能，可以執行多種任務。但這種機器人當時只存在於這位多產作家的腦海中：在舞台上，當然是由真人扮演。儘管如此，一九二一年的確算是機器人歷史上的一座里程碑；而二十年後又有一座，以撒．艾西莫夫（Isaac Asimov）在作品《騙子！》（*Menteur !*）中定義了機器人三定律：一、機器人不得傷害人類，或坐視人類受到傷害；二、除非違背第一法則，否則機器人必須服從人類的命令；三、除非違背第一或第二法則，否則機器人必須保護自己。

不過必須注意一件事，卡雷爾．恰佩克當年寫下「萬能工人公司」的機器人起義情節時，已經在裡頭埋了一絲隱憂：它們的反抗導致人類徹底毀滅。隨著機器人技術的不斷進步與相關賣座電影的推波助瀾，這種憂慮從未消失……

—**另見**—

- 塔居丁（一五二六—一五八五年）
- 李奧納多．達文西（一四五二—一五一九年）
- 仿生學（明日）

公元一九二六年——

電視

一九二六年，電視發明人向皇家學會的成員展示了史上第一段電視畫面，在場的還包括一位《倫敦時報》的記者與……操偶師！

電視王國是從報紙上某則篇幅不大的新聞開始興起。一九二六年一月二十八日，《倫敦時報》上刊登了一則新聞「新裝置測試成功」，這裝置當時還被稱作「遠端傳像器」（televisor）。皇家學院（英國歷史最悠久的科學家組織之一）的院士們，來到約翰．羅傑．貝爾德（John Logie Baird）位於倫敦蘇荷區的實驗室，見證這項發明的誕生。這位蘇格蘭電氣工程師向他們展示了一台以木製圓盤、光電元件、鏡頭組成的機器：不斷旋轉的木製圓盤上有精心排列的小洞充當快門，畫面可透過鏡頭與快門，被光電元件轉成電子訊號。《倫敦時報》指出：「透過快門和鏡頭，站在機器前的人或物，就能因此被光電元件捕捉到」，然後「產生隨光線變化的電流」。發送器輸出的電流訊號可被接收器（構造與發送器相似，只是順序相反）轉換成光訊號，重建成影像再投射到玻璃屏上。

僅用三十行描述的「史上第一段電視畫面」，出現的是一張傀儡木偶的臉，由操偶師操縱：約翰．貝爾德想用這種方法，證明他的機器可以重現人臉的表情變化。不過這段故事並沒有說明為何他不照助理或乾脆自己上鏡：他當然知道自己的裝置沒有任何危險性……難道只是單純迷信？見證這套裝置（亮相的居然是操偶師……為何不乾脆叫魔術師來！）的英國皇家學院代表相當謹慎：為了驗證其可行性，他們要求將機器的發送端與接收端安裝在兩個不同的房間中（一開始是沒有分隔多遠），但結果還是一樣。《倫敦時報》的撰稿人在報導中態度還算保守：「貝爾德先生研發的系統能有何種實際應用還待觀察……」

不過答案很快就出來了：我們已經知道如何遠端傳輸聲音，現在連影像也可以……英國政府與其他國家很快就了解「遠端傳像器」能對其國民發揮的功用，包括傳達訊息或提供家庭文化素養與娛樂。至於法國要等到一九三一年四月十四日，才在工程師雷內．巴泰萊米（René Barthélémy）的策劃下，於馬拉科夫高等電力學校內舉行首次的「電視」公開展示。當時，巴泰萊米請他的合作夥伴蘇珊．布里杜（Suzanne Bridoux），介紹這幅亨利．馬諦斯（Henri Matisse）在八年前繪製的《持扇子的西班牙女人》。總之，雖說電視是英國人發明的，但播音員的確是「法國製造」無誤！

—另見—
・無線電（一八九六年）

公元一九二六年——

火箭

……朱爾・凡爾納（Jules Verne）可能會不太高興：能把人送上太空的居然不是砲彈，而是火箭……它的頭號原型於一九二六年誕生。……

「砲彈對我來說是人類力量最華麗的展現：人類光靠創造出一顆砲彈，就能證明自己與造物主相差無幾……」在「大砲俱樂部」的不正經祕書梅斯頓（J.T. Maston）大力鼓吹下，戰友們的滿腔熱血被點燃：要把人送上月球，只能用特製的大砲！自從朱爾・凡爾納在一八六五出版的《從地球到月球》（*De la Terre à la Lune*）中，採用征服太空的情節當主軸，幾個作家也開始跟風，例如作曲家賈克・奧芬巴哈（Jacques Offenbach）在一八七五年的作品《月球之旅》、作家赫伯特・喬治・威爾斯（H.G. Wells）於一九〇一年出版的《最早登上月球的人》（*The First Men in the Moon*）、喬治・梅里愛（George Méliès）於隔年發表的《月球旅行記》等……唯一（天大）的誤算就是沒料到，即使這種「六萬八千四百噸」加農砲能成真且發射成功，也沒有任何生物能活著到達！

二十世紀初，醉心於太空旅行發展的俄羅斯學校教師，康斯坦丁・齊奧爾科夫斯基（Constantin Tsiolkovski），想到另一種解決方案，這位自學成才的研究員為此已潛心研究數年，在一八九五年還出版了科幻小說《地球與天空的夢想》（*Rêve de Terre et de ciel*），寫的是人類殖民太空的故事。他在一九〇三年發表的〈用噴氣發動機探索宇宙空間〉一文中，建議使用液態氫與液態氧當燃料推進，以擺脫地心引力；這是相當有遠見的想法，一個多世紀後的今天依然被大眾採用。他推導出的「齊奧爾科夫斯基火箭方程」也相當經得起時間考驗，目前仍是用來規範飛行器質量變化的航太科技基本公式。可惜的是，雖說這名教師到處尋求資源，將自己的想法付諸實踐，但並未引起俄羅斯當局的注意。

二十年後，美國麻州伍斯特的工程師羅伯特・戈達德（Robert H. Goddard）成功邁出那一「射」！深受威爾斯小說影響的他，在閱讀所有能找到的相關研究（包括康斯坦丁・齊奧爾科夫斯基的）後，成功組裝出一枚由液體燃料推進的小火箭，命名為「尼爾」（Nell），並於一九二六年三月十六日試射：僅飛行了二・五秒，但衝到十二公尺高。這個「壯舉」在當時看來不怎麼樣，甚至還招來一些嘲諷；當地報紙如此形容：「一枚跑不了三十八萬四千四百公里的登月火箭」。但火箭的發展從此正式進入軌道，不過影響有好有壞：過了十年，納粹帝國在波羅的海上的佩內明德建立基地，發展出威力強大的V1和V2火箭。幸好它還有其他和平用途……

—**另見**—

・火藥（一〇四四年）・人造衛星（一九五七年）・伊隆・馬斯克（一九七一年—）

公元一九三五年——

雷達

雷達的發明其實可以用一組日期和姓名概括：一九三五年，華生—瓦特。對於偵測設備的歷史來說，這個發明其實算快的了。

一九三五年一月，英國空軍成立了防空研究委員會，並委託國家物理實驗室研究人員羅伯特．華生—瓦特（Robert Watson-Watt），來負責飛行器定位裝置的研發。這位科學家很快就撰寫了一份報告〈以無線電波來偵測與定位飛行器〉，拿到了幾乎無上限的經費，然後在沙福郡沿岸進行首次測試。一九三五年四月二日，羅伯特．華生—瓦特就為他新研發的無線電波偵測系統申請專利。在那年結束前，倫敦周圍就增設了五個「無線電測向站」（那時候還不叫作「雷達」）；到了一九三九年，增加到十八個，形成「家園保護鏈」；次年其重要性開始顯現，英國飛行員在其襄助之下，擊退了聲勢浩大的納粹德國空軍，贏得不列顛戰役。

雖說整個情節看似天衣無縫，但有幾點需要澄清。首先，無線電偵測可不是這位英國物理學家自己想出來的。它已經出現很久了。早在無線電發明後，尼古拉・特斯拉就在一九〇〇年奠定了理論基礎，然後德國人克里斯蒂安・休斯梅耶（Christian Hülsmeyer）在一九〇四年將它實現，製作出「電動鏡」（Telemobiloskop）來為船隻定位……不過這裝置在當時沒有受到足夠重視，理由很簡單：偵測距離不到三公里，而且無法指出方向或距離，性能還不如肉眼。

接下來的發展才是重點。在華生－瓦特申請專利時，有成千上萬的研究人員投入同一研究，包括美國、德國、俄羅斯、法國、日本等國家都有，其中甚至有些已經取得突破性進展：一九三四年，美國人與法國人聯手打造的「雙基地雷達」測試成功，這種偵測系統允許兩組相隔遙遠的天線，能互相發送或接收無線電波。不過因為相關工作全被列為機密，當時當然沒人知道。由於大部分的檔案都被銷毀，使得想釐清真相的史學家傷透腦筋，這位英國發明家到底是不是如他宣稱的，發明了這東西也真的令人懷疑。不過有兩件事實是千真萬確的：雷達的原理是在一九三〇年代中期就確立了，至於其大名則是美國海軍在一九四〇年代初取的：全名為「無線電偵測與測距系統」（RAdio Detecting And Ranging）。

另見

・無線電（一八九六年）
・聲納（一九一五年）
・微波爐（一九四七年）

尼龍

一九三五年在美國問世的尼龍，是早年科學研究還不愁經費之時，最著名的發明之一。

當你錢多到不知道怎麼花時，你會怎麼做？這個問題一點都不蠢，杜邦家族企業（Du Pont de Nemours）在一九一九年還真的有這種困擾。這家企業是一位逃離革命時期雅各賓專政的法國貴族，於十九世紀初在美國創立，經歷了南北戰爭與一戰後，事業連創高峰。因為那時的杜邦專注在火藥生產……在一個靠拳頭說話的時代，這是相當有利可圖的生意。光看數字就知道有多賺：該企業在一戰爆發前夕的年收入就已達五百萬美金，到一九一四至一九一八年之間甚至暴增到近六千萬美元！

一戰結束後，這家企業累積了天文數字的戰爭財。但經營者也面臨挑戰：既然又回到太平時代，那得開始計畫多角化經營，生產不同的東西。當時的總裁伊雷內．杜邦（Irénée

Du Pont de Nemours）一開始選擇收購別的企業，確保自家聲勢不墜。但這些多少有風險的併購還遠遠不夠，得把眼光放遠一點！一九二四年，在杜邦家族麾下已十七年的化學家查爾斯．史甸（Charles Stine），建議成立一個專門從事科學研究的新部門。於是這家企業在德拉瓦州蓋了最先進的實驗站，並於一九二七年從哈佛大學挖角一名年輕又才華橫溢的教授華萊士．休姆．卡羅瑟斯（Wallace Hume Carothers）來領頭。他只要做好一件事，那就是用花不完的經費去做自己想做的事，史甸在他到任時告訴他：「額度直達天際」。

卡羅瑟斯選擇研究以前沒什麼機會碰的聚合反應，這領域當時在美國也算冷門。他把研究重心放在兩端都具反應能力的長鏈分子，並發現這種材料在低溫時拉伸後，具有超神奇的特性[9]。一九三〇年代中期，這位研究人員與同事開始在學術期刊上發表一連串論文，並提到將這種材料用於紡織上的可能性。一九三五年，此聚合物因為兩種主成分各含六個碳原子，所以就被命名為「66」，並於一九三八年以「尼龍」（nylon）之名上市。由於它簡直就是紡織業求之不得的夢幻材料，市場反應相當熱烈，首先被用來做女性長襪，因為這種材質跟羊毛比起來更貼身。但遺憾的是，卡羅瑟斯無緣親眼目睹自己的成功：一

9 低溫時將它拉長後，溫度一高就會縮回去，變成有彈性又強韌的伸縮布料（想像一下絲襪的材質）。

九三七年四月二十九日，長年為憂鬱症所苦的他，在費城的一家旅館結束自己的生命。

另見

・衣服（十九萬年前）・火藥（一〇四四年）・縫紉機（一八二九年）

——公元一九三六年——

電腦

說起電腦的起源，一九三六年的「圖靈機」（Turing machine）當之無愧，提出此構想的人值得後人懷念。

記錄歷史，有時候得選擇從哪一角度來闡釋，雖然有些以捍衛者自居的老古板可能聽了會頗為感冒。電腦的歷史就是如此：到底哪裡算是起點？一些專家會毫不猶豫地一路回溯到最古老的計算工具，也就是助算器，因為這象徵人類開始依靠大腦和手指頭以外的東西計算。也有些人會說，該從史上第一號計算機開始算，那就有兩種選擇：一是十七世紀出現的「帕斯卡林」，二是查爾斯·巴貝奇與他的聰慧夥伴愛達·勒芙蕾絲於十九世紀構思的機器。至於貨真價實的電腦（也就是通用電子計算機）是於一九四六年在賓州誕生：這台「電子數值積分計算機」（Electronic Numerical Integrator and Computer，ENIAC）是個長二十七公尺的大寶貝，總重將近三十噸，裡面總共用了一萬八千個真空管；由於結構複雜容易損壞，平均每兩天就會故障一次！

不過還有件事也值得一提：一九三六年，在劍橋大學研究、二十四歲的英國數學家艾倫．圖靈（Alan Turing）發表一篇重量級論文：〈論可計算數及其在判定問題上的應用〉。「判定問題」（Entscheidungsproblem）是由德國數學家大衛．希爾伯特（David Hilbert）於一九二八年提出：一言以蔽之，就是分清楚哪些能算，哪些不能算……能算的話，便可將此任務劃分成無數塊的小任務給機器處理，這就是電腦運作的基本原理，所以後人將艾倫．圖靈視為電腦科學之父。雖然他那時構想的通用機器仍然處於紙上談兵階段，但這絲毫無損其重要性，人們一樣把十年後才出現的ENIAC，當成第一台真正的圖靈機。

不幸的是，圖靈和他的發明命運大不相同：電腦持續大行其道，但它的創造者卻以悲劇收場。先是在普林斯頓大學做出了重量級研究，然後在二戰期間協助英國破解納粹的軍事密碼，結果卻在一九五二年被英國法院定罪，得在坐牢或化學閹割這兩種懲罰中選一個。他犯了什麼罪？他為這個國家貢獻良多，但卻被冠上「明顯的猥褻和性顛倒行為」這種難堪的罪名，只因為他是同性戀。人類智慧在這方面還比不上人工智慧！艾倫．圖靈在接受化學閹割後從此一蹶不振：一九五四年六月七日，他被發現死在自己的床上，死因是咬了一口含氰化物的蘋果……

—另見—

・助算器（公元前一千年）・計算機（一六四二年）

・愛達・勒芙蕾絲（一八一五—一八五二年）・電晶體（一九四七年）

公元一九三八年——

原子筆

原子筆是相當耐用的消耗品，於一九三八年發明它的人是拉斯洛．約瑟夫．比羅（László József Bíró），至於讓它在戰後普及到全世界的則是馬塞爾．碧（Marcel Bich）。

從古埃及的蘆葦筆、各種天然羽毛筆（鵝、天鵝、鴨、烏鴉等），到很早就出現，但十九世紀才變得比較好用的鋼筆……人類有很長一段時間都堅定不移地用筆墨書寫；雖說墨可以用筆去沾或蓄在筆心中，但原理都差不多：就是把某根東西削尖，使少許墨水能停留在上面，直到下筆。為了滿足雅痞與期盼作育英才的夫子們的需求，生產商不得不絞盡腦汁，研發出各種「不用常充」又「輕便」的筆，不過倒楣的就是作業寫不完的世代學子。然而持續千年的傳統在二戰前後各出現一次關鍵轉折，終於接近尾聲。

第一次轉折出現在一九三〇年代後期：匈牙利的拉斯洛．約瑟夫．比羅，突然想到可以把墨水心塞進鋼筆裡。這位在一八九九年生於布達佩斯的猶太記者發現，為了減少紙頁被弄髒的風險，印刷報章雜誌的墨水比他每天寫字用的更快乾。不過印刷墨水太黏稠，用來寫字的話，墨水從筆中流出的速度完全跟不上下筆速度，所以行不通。當然，他之前不是沒人嘗試過，只是得到這個結論後就停止。但這位記者卻有後續的想法：他請具紮實科學背景的兄弟喬治（György）幫忙，設計了一個加了圓珠的裝置，只要讓圓珠在紙上滾動，上方筆管的墨就會被圓珠帶到紙上……一九三八年，由於反猶太風潮高漲，加上匈牙利一直跟納粹德國相當友好，拉斯洛只好流亡到阿根廷居住，在離開之前他向巴黎申請了專利。

至於第二次轉折，則是在剛解放的法國上演：一位年輕企業家馬塞爾・碧剛收購了一間位於克利希石頭巷的鋼筆製造坊，並買下這個專利，用以改良自己生產的筆。他不但性格堅毅，也有自己的想法：在其率領的一組人馬通力合作下，開發出一種更合適的墨水。「Bic水晶」在一九五〇年上市後空前熱賣，這家公司因此打下了穩健的基礎，後來又將觸角伸往打火機與刮鬍刀市場，至今這個企業王國仍活躍於商場上。Bic的企業口號為：「不論何時何地，為眾人而生」。作家安伯托・艾可（Umberto Eco）在一九八六年曾以不落俗套的幽默，回應這個口號：在他眼中，Bic是「唯一力行社會主義的典範，因為不論貧富或社會階級，人手一只。」

—另見—

・墨（公元前三千兩百年）・紙（一〇五年）

●●● 公元一九四二年——

核能

人從何時開始利用核能？故事先從幾間實驗室開始，然後隨著時間漸漸遍及世界各地的家家戶戶。

說到核能發展史的重要里程碑，應該是無人不知，無人不曉，儘管有些作者覺得有必要稍做些不必要的修飾。一八九六年三月，德國人發現X射線沒多久，法國物理學家亨利．貝克勒（Henri Becquerel）在巴黎科學院展示了自己的研究成果，是關於某種從鈾發出的輻射，其穿透性更強。隨後瑪麗．居禮（Marie Curie，也就是居禮夫人）決定研究這種「鈾射線」，作為博士論文的主題；她也因此跟丈夫皮耶．居禮（Pierre Curie）一起發現了釙（polonium）跟鐳（radium），夫婦兩人也因此與貝克勒同獲一九〇三年的諾貝爾物理學獎。而居禮夫人在一九一一年又因對鐳的研究，二度獲得諾貝爾獎（這次是化學）。在一九一〇到一九二〇年代，許多科學家也跟隨這幾位傑出先驅的腳步，相繼投入此領域。

一九三二年，詹姆斯・查兌克（James Chadwick）發現中子；兩年後，伊蕾娜・約里奧—居禮（Irène Joliot-Curie）與夫婿弗雷德里克（Frédéric Joliot-Curie）共同發表了「新類型的放射性」，並將之命名為「人工放射性」。結果一九三五年的諾貝爾物理學獎由查兌克拿下，化學獎則由這對夫婦共享……雖說有些評論家對此表示「果然血緣騙不了人」，但這兩位研究人員的努力與天分才是獲獎的主要因素。不過故事還沒完：儘管有許多科學家試著用中子去「撞擊」鈾，看能不能撞出什麼奇怪的東西，像是羅馬的恩里科・費米（Enrico Fermi）、在柏林發現核分裂的奧托・哈恩（Otto Hahn）與弗里德里希・威廉・施特拉斯曼（Fritz Strassmann），但是關鍵的結果是弗雷德里克・約里奧—居禮於一九三九年「撞」出來的。他與同事漢斯・哈爾班（Hans Halban）、列夫・科瓦爾斯基（Lew Kowarski）一起證實「連鎖反應」的可行性，並於該年五月申請三項專利，其中一項的申請中有總結整個過程：「鈾原子核吸收中子後有可能會因此解體，然後釋放能量並放出更多中子，新增的中子平均數量大於一。然後這些被放出的中子會接著讓其他的鈾原子解體，因此解體的鈾原子核會越來越多……」

一年後，納粹德國入侵法國。弗雷德里克・約里奧—居禮盡最大努力，確保敵人無法接續他的工作，尤其是第三項專利「提高炸彈的破壞力」，也就是原子彈！最終，率先進行全世界首次可控核連鎖反應的還是美國：一九四二年十二月二日下午三點二十五分，恩里科・費米在芝加哥大學美式足球場「斯特格體育場」正下方，成功地以核子反應爐「CP－1」達到觸發連鎖反應的「臨界質量」。對人類來說，這是新紀元的開始……

另見

・X光攝影（一八九五年）・核融合（明日）

公元一九四七年——

微波爐

微波爐的起源可追溯到一九四七年，從一條融化在某雷達工程師口袋的巧克力棒說起……真的假的啊？

微波爐現在非常普遍：在法國，超過80%的家庭裡都有一台，在美國和日本擁有的比例甚至還超過90%，但知道其原理的卻不多。這種設備的核心，是將電力轉換成電磁波的「磁控管」；電磁波在封閉的爐子中傳播，使食物中的水分子振盪，而糖和脂肪分子也會跟著有同樣的反應；振盪的分子互相摩擦，食物內部因此產生的熱量便會往四面八方傳導，遍及所有區域。

不過為何在進入主題前，要先給各位上這堂極短家務藝術課程？原因很簡單，因為我們得把前因後果交代清楚。其實這個關鍵的磁控管一開始並不是設計用來煮麵條或熱湯，或是把剛從冷凍庫拿出來的雞肉解凍，而是用來做雷達的，這種能產生微波輻射的真空管，在二戰前後一直備受關注。傳奇就在戰後正式拉開序幕：一九四七年，任職於美國雷神公司，並負責改良磁控管的工程師珀西・勒巴朗・斯賓塞（Percy LeBaron Spencer），某天在埋頭工作時發現，不知道何時塞進口袋的巧克力棒開始發熱並融化。又驚訝又困惑的他，乾脆把幾顆玉米粒放在磁控管附近看看會如何，結果眼睜睜看著玉米跳起來變成爆米花；然後他又打了顆蛋試試看，一切正如他所料，蛋一下子就熟了，比用老鍋子煎還快。

這個誇張的故事當然是虛構的，因為他似乎老早就觀察到這種特性：從一九四〇年代初開始，這些工程師就用它來加熱食物，不過卻沒想到把它商品化。而當時的雷神公司仍未打算停產軍用磁控管（即將揭幕的冷戰一樣得靠它，而且還更依賴）。但在珀西・斯賓塞的建議下，這間企業開始把觸角伸往新的領域：廚房。當然，這種東西不是馬上就能家家戶戶各一台：初代微波爐「雷達範圍」（Radarange，這名稱太酷了）高約兩公尺，重約三百公斤，這種體積當然只有大型企業或醫院餐廳有興趣！從一九六〇年代開始，由於尺寸與成本降低，它得以進攻家用市場；先是在美國興起，然後迅速席捲世界各地……只有法國等少數國家例外。

—**另見**—

・使用火（四十萬年前）　・雷達（一九三五年）

公元一九四七年——

電晶體

於一九四七年問世的電晶體（當時被稱為「轉換電阻」）不但徹底改變了電子學，發明它的三名學者也因此共享諾貝爾物理學獎。

二次大戰結束後，許多發明像雨後春筍般冒出來，它們其實是長期的科學研究累積下的成果，電晶體亦如是。要讓這種新元件問世，首先得先了解半導體的基本特性，因為它是電晶體的重要原料：十九世紀時，在麥可．法拉第與安托萬．貝克勒爾（Antoine Becquerel）等著名科學家接續努力下，人們漸漸摸索出這種材料與金屬的差異；至於更微觀的詮釋要等到一九三一年，艾倫．威爾遜（Alan Wilson）發表了重量級專書《電子半導體理論》，這是首次有人從量子力學的角度來解釋其特性。再來還要有電磁波的所有相關知識，尤其是無線電方面（有賴詹姆斯．馬克士威與海因里希．赫茲聯手）；然後還要想到把半導體拿來做整流器，這就要靠賈格迪什．錢德拉．博斯（Jagadish Chandra Bose）

了……礙於篇幅有限，這裡就不交代電子相關研究的部分：反正要感謝的人太多了！

電晶體公認是由約翰・巴丁（John Bardeen）、華特・布拉頓（Walter Brattain）、威廉・肖克利（William Shockley）三人發明，他們都在美國電信公司AT＆T著名的貝爾實驗室工作，並隸屬於同一研究團隊；此團隊是一九四五年由執行副總裁梅文・凱利（Mervin Kelly）集結眾多優秀的科學家組成，他們以兩次大戰間歇期的研究成果（他們自己也貢獻了不少）為基礎，在二戰期間發展出不少應用，例如雷達測速就是。他們甚至還發展出一些製程，得以製造品質絕佳的半導體；例如矽的提煉，一九四〇年代時要達到九十九％的純度極為困難，但杜邦家族企業在一九四五年已經能提供純度達九九・九九九％的矽。梅文・凱利在當時面對這樣飛快的進步，已經預感一場劇烈的電子學革命正在醞釀中；那時製作整流器（將交流電轉為直流電）或放大器都得用真空管，但它既耗能、容易壞又笨重，如果能找到新產品取代它就太好了。後來的發展果然沒讓他失望……

一九四七年十二月十六日，約翰・巴丁和華特・布拉頓做出了史上第一個能用的電晶體。他們在七天後於貝爾實驗室進行內部展示——對研究人員與股東來說，這真是一份非常棒的耶誕禮物！在接下來的幾週，威廉・肖克利做了關鍵性的改進，製作出雙極電晶體，既耐用也更容易大量生產……有這種特徵的話，被拿來當市面上所有電子產品的零件，當然也是遲早的事。

—另見—

・無線電（一八九六年）　・雷達（一九三五年）

・電腦（一九三六年）　・微處理器（一九七一年）

公元一九五六—

韓力

一九五六年生於中國瀋陽的韓力，他為了使某樣東西消失而發明出另一個替代品，那就是電子菸……

菸草在三千多年前就出現了，當時美洲就有種植。這種東西能被引進歐洲都要感謝克里斯多福．哥倫布：他在日誌中指出，當他於一四九二年十月二十八日從古巴上岸後，遇到了「手持燃燒的香草，以聞其煙燻的印地安人」。這種習俗一開始從新大陸傳入歐洲後未能被及時禁絕：雖說教會不喜歡世人仿效野蠻人的做法，教宗烏爾巴諾八世（Urbain VIII）甚至還在一六四二年明令禁止並威脅要把沉迷於這種「可恥濫用」的人逐出教會，包括當時「普遍都在抽，大部分還在教堂裡抽」的教士。但癮君子實在是多到擋不了，幾百年過去，抽的人反而越來越多，尤其在一八三〇年代捲菸工業開始出現後更甚。

連教皇都擋不了的東西，韓力能辦到嗎？一九五六年，距毛澤東發起「大躍進」還有兩年，他於中國東北的瀋陽出生；而他從十歲開始就從事跟菸草有關的工作，那時正值文化大革命。他是在那時學到與菸草栽種有關的專業知識，但那時年少氣盛，所以不知節制地抽。一九七八年，由於「偉大的毛主席」已經作古，他得以回到家鄉的遼寧大學研習中藥學……這時菸癮已經很大了，一天可以抽到兩三包；他畢業後開了藥房，只要經過就能聞到裡頭飄出的煙味……

二〇〇二年開始有了轉折。韓力曾多次向包括法國新聞等媒體坦言：「當尼古丁貼片開始在中國盛行時我就嘗試過，但某天夜晚我忘記把它拿下來，結果我做了噩夢。」這位藥劑師從中做出的結論是，因為貼片是以「定量釋放」的方式將尼古丁注入人體緩解菸癮，這才讓他做了噩夢。所以他製造了一種能把液體尼古丁加熱霧化的小型裝置，並於二〇〇三年申請了專利，還成立了一間大起大落的公司：身處在一個對智慧財產權沒有統一標準的國家，當然會被盜版搞垮。最後，Fontem Ventures買下他的專利：這是背景雄厚的英國帝國菸草集團旗下的子公司，該公司毫不猶豫地對仿冒產品的公司提起訴訟，然後成功地把電子菸推向國際市場。以前只能靠危害人體健康來發大財的菸商，現在因為替代品的出現得以苟延殘喘，這個新產品目前的市場價值估計超過八十億美金！

—另見—
・永生（明日）

公元一九五五—二〇一一年—

史蒂夫·賈伯斯

在二〇一一年因癌症病逝的蘋果公司大老闆，不管從哪方面看都非池中之物，他徹底改變了電子產品與資訊科學。

二〇一一年十月五日，他於加州帕羅奧圖的家中過世，死訊引起了全世界的關注。成千上萬名民眾自發地來到蘋果門市前獻上鮮花、蘋果與弔唁信。這些人應該在想：剛剛過世的這位先生到底是怎樣的一個人？天才企業家？有遠見的發明家？還是某種宗教領袖？史蒂夫·賈伯斯（Steve Jobs）剛好都是，甚至成就更高。他從出生開始就不同尋常。一九五五年二月二十四日出生於舊金山的他，其實是一位在美國留學的敘利亞籍大學生之子；在家族的壓力下，生母只得將他交給保羅·賈伯斯（Paul Jobs）與其妻克拉拉（Clara）收養，而史蒂夫終其一生都把他們當成真正的父母親對待。接著他在矽谷的庫帕提諾受教育，因此對電子學產生了濃厚的興趣；他在十三歲時就自己打電話給惠普（Hewlett-

Packard）的創辦人威廉．惠利特（William Hewlett），爭取到一份暑期實習工作；他也是在此結識比他年長五歲的戰友史蒂夫．沃茲尼克（Steve Wozniak）。一九七三年，另一個史蒂夫加入惠普，而這個史蒂夫走向不同的道路：東方的靈性和素食主義讓他眼界大開，使他經常參與非主流文化並嘗試用ＬＳＤ迷幻藥……所以才荒廢了學業？然而他相信這些經歷使他富有想像力，為他將來的成功奠定了基礎。一九七四年，這名年輕人開始在雅達利擔任電子遊戲技術員，並很快地被迫只能做夜班：因為史蒂夫自認衛生習慣已經好到不用洗澡……可是他同事們的鼻子並不這麼想，他們也抱怨史蒂夫不願學習。一九七五年，他前往印度修行了幾個月。

蘋果霸業就從他返國後開始萌芽：史蒂夫．沃茲尼克設計了一個功能簡單但便宜的個人電腦，一開始本想免費分發給大眾，但史蒂夫．賈伯斯說服他成立一間公司，並把價錢訂在最具競爭力的水平：六六六．六六美元，這就是大約賣出兩百台的蘋果電腦第一項產品「Apple I」。一九八〇年代，該公司先推出了第一台配備滑鼠的個人電腦Lisa，再來是一九八四年的麥金塔（Macintosh），但史蒂夫．賈伯斯也因為後者銷售下滑被迫離開自己的董事會。在皮克斯動畫製作室執行長之位度過一段精彩又漫長的日子後，他在一九九七年光榮重返蘋果公司，然後開始一系列的創新：一九九八年的iMac、二〇〇一年的iPod，然後是二〇〇七年的iPhone與二〇一〇年的iPad等明星商品。他於二〇一一年離世時，蘋果成為全球市值最高的公司，超過了埃克森美孚的市值。

—**另見**—

• 電腦（一九三六年） • 電玩（一九五八年） • 行動電話（一九七三年）
• Windows 1.01（一九八五年）

公元一九五七年——

人造衛星

於一九五七年十月四日成功發射的史普尼克一號（Spoutnik-1），象徵蘇聯在當時的太空爭霸戰中先馳得點，美國隊當時仍然掛零！

在這項卓越的科技問世前，人造衛星在當時人們的想像中，可以說是一種超級兵器。一九五五年七月三十日，美國總統艾森豪（Eisenhower）透過白宮新聞祕書宣布，將於國際地球物理年（一九五七—一九五八，這是一場集結世界多國科學菁英的跨國計畫）把這種裝置送進軌道。至於鐵幕另一邊的莫斯科，此時也不甘示弱：一九五五年八月三日，尼基塔．赫魯雪夫（Nikita Khrushchev）要求正在哥本哈根參加國際航太聯合大會的李奧尼德．賽德伍（Leonid Sedov）也在會中做出同樣聲明，並強調蘇聯的人造衛星一定會比美國的更大、更精良。這場充斥著嘴炮與大話的冷戰，戰場即將從地球轉移到太空。

克里姆林宮的牛皮不是白吹的：先是在一九五七年十月四日把史普尼克一號送上軌

道，成功拔得頭籌；一個月後又將太空犬「萊卡」塞進史普尼克二號（Spoutnik-2）一起送上天，彷彿刻意向對手耀武揚威。對大西洋另一邊（或是太平洋，反正地球是圓的）的死對頭來說，簡直是極大的心靈創傷，有些新聞甚至把它形容成「珍珠港事件的太空版」！過了幾個月，美國才把探險者一號送上太空（一九五八年二月一日）。蘇聯的國家機器不但快到讓對手連尾燈都看不到，就連在重量上也贏；蘇聯隊的超過八十三公斤，美國隊的只有十四公斤左右，但這都還是小事。讓美國人下巴掉下來的是，「紅軍」居然連發射器的技術都有了，也就是說，能做出把衛星送上太空的火箭。其實讓人憂心的不是能製造出人造衛星這件事，雖然那的確是很了不起的壯舉；可是蘇聯既然能把一件能嗶嗶叫的小東西送上天際，哪天搞不好也可以把能產生巨大「轟隆」的東西送回地球：這想也知道。

史普尼克為兩大強權間的不仁不義競賽拉開序幕，他們為了壓過對方無所不用其極。雖說長久以來李奧尼德．賽德伍被公認為是史普尼克計畫之父。但這只是對外裝出的假象，目的是為了隱藏幕後真正的負責人謝爾蓋．科羅廖夫（Sergei Korolev）的身分。由於這段故事，世人常會忽略法國是第三太空強權，第一顆法國製人造衛星「阿斯泰利克」於一九六五年進入軌道，其名是來自某個愛打架的高盧小壞蛋。又是個超級武器……

—另見—

• 火箭（一九二六年）

公元一九五八年——

電子遊戲

……

一九五八年，某位在布魯克黑文核研究實驗室工作的美國物理學家，用示波器做了史上第一款電子遊戲「雙人網球」。

……

看今日世人如此為電玩瘋狂，還以為它的發展史脈絡會很清楚；反正該有的記載都有，要追溯其起源應該不難。但從資訊科學（沒有它當基礎技術，當然沒有電玩）的初步發展找到的線索相當少，因為那時根本還沒開始往娛樂方面展開，這可是電子遊戲的本質。也許可以從觀察任天堂等電玩業巨擘的發跡史著手？很可惜，一樣行不通：這間日本企業自一八八九年成立後，經營主力大致都停留在紙牌遊戲，直到一九六〇年代末期才開始把觸角伸向電子遊戲……

但就在此時，電子遊戲冒險史詩已經揭開序幕。最初的火花應歸功於羅拉爾電子旗下一名年輕的美籍（德裔）工程師拉爾夫・貝爾（Ralph Baer），他設計了一款革命性的電視設備。一九五一年，為了在競爭中脫穎而出，他建議將手上的技術整合，轉型開發娛樂商品。但他當時的建議被認為太荒唐，而被無情地擱置，真是失敗的開始，只好把當第一名的機會拱手讓人。一九五八年，美國布魯克黑文國家實驗室的一名核子研究人員威利・席根波森（William Higinbotham），將電腦接到示波器上並改寫程式，就這樣做出史上第一套電子遊戲「雙人網球」：兩個玩家可以在球場上（用簡單的線條表示）擊球或接球（球在螢幕上就是一個點）。威利・席根波森本來是想在實驗室對外開放的日子，用這裝置來吸引訪客，但先被吸引的反而是他的同事，在繁重科學計算之餘用這套遊戲殺時間。

在當時，此裝置雖說引起不少好奇，卻也沒能繼續發展下去。因為史上第二款電子遊戲還要等四年後，才在美國劍橋的麻省理工學院被一些學生做出來。在年僅二十五歲的資訊科學家史帝夫・羅素（Steve Russel）的帶領下，他們在迪吉多企業推出的電腦主機PDP－1上，開發了「太空戰爭！」自一九六二年開始，由於技術進步快到讓人追不上，類似情節的遊戲不斷地推出：兩艘戰艦在太空爭霸戰中爭個你死我活……好在電子遊戲的世界可以讓我們輕易在螢幕上發洩自己砍人的衝動。

—**另見**—
- 電視（一九二六年）
- 電腦（一九三六年）
- 電晶體（一九四七年）
- Windows 1.01（一九八五年）

公元一九六〇年——

雷射

一九六〇年，人類史上第一束雷射經西奧多．梅曼（Theodore Maiman）之手問世，這道光不但象徵科學研究數十年來的成果，也開啟了大規模的商機。

雖說加州馬里布的年輕物理學家西奧多．梅曼，被公認是雷射之父，但要重建整個雷射發展史的族譜就不是一件容易的事。能扯上關係的有：將光正確歸類為電磁波的詹姆斯．克拉克．馬克士威，發現電子的約瑟夫．湯姆森（Joseph Thomson），提出「彈性鍵結」電子模型的亨德里克．勞侖茲（Hendrik Lorentz），提出能量量子化的馬克斯．普朗克（Max Planck），成功地用自己的氫原子模型估算原子軌道能量的尼爾斯．波耳（Niels Bohr），提出受激發射的阿爾伯特．愛因斯坦（Albert Einstein）和約翰．范．扶雷克（John Van Vleck）；當然別忘了還有保羅．狄拉克（Paul Dirac）、帕斯夸爾．約爾旦（Pascual Jordan）、沃夫岡．包立（Wolfgang Pauli）等人在量子力學上的貢獻；二戰過後，量子電子學也開始發展……總之就是一長串名單，族繁不及備載！

雷射正是這些基礎研究的成就之一；各種相關理論必須經過長時間形成表述，再藉由不斷地檢驗與討論來完備，才有可能孕育出如此卓越的成果。一九五〇年代，哥倫比亞大學的查爾斯・湯斯（Charles Townes）和亞瑟・肖洛（Arthur Schawlow）製作出世界第一台可產生「放大受激微波輻射」的裝置——邁射（maser，microwave amplification by stimulated emission of radiation）。一九五八年，這兩位研究人員又發表了一篇理論論述，提示亦可用同樣的方式增強可見光，這次用的術語則是「雷射」（laser，light amplification by stimulated emission of radiation，意為「放大受激光輻射」）。隨後，美國和蘇聯等國的實驗室展開了一場瘋狂競賽，而最終拔得頭籌的竟是一名年僅三十二歲的局外人西奧多・梅曼（美國物理學家），他在一九六〇年五月成功地用紅寶石產生相干光束。

雷射自此成為實驗室的必備儀器，它的誕生激起物理學家的熱情；他們可因此進一步了解光的性質，並觀察光跟物質的交互作用，可說是開啟了新的研究領域。此後有十七名學者陸陸續續因雷射相關研究，榮獲諾貝爾物理學獎。幾年後，同樣的情況在產業界上演：雷射在電子、通訊、貿易、工業、醫學等領域都有大量應用……目前產值估計超過六十億美元，而且還在不斷增加。誰還敢說基礎研究賺不了大錢？

—另見—

・電磁鐵（一八二〇年）・無線電（一八九六年）・微波爐（一九四七年）

公元一九六九年——

網際網路

無遠弗屆的網際網路，其實是五角大廈的研究成果，原本是想確保在任何情況下，都能傳遞戰略資訊……

老實說，蘇聯其實也為網際網路的問世出了一份力。一九五七年十月，蘇聯將人造衛星史普尼克一號送入軌道。這對鐵幕東方來說，是旗開得勝；但對西方來說，是心靈創傷。之後的發展應該大家都很熟悉：美國總統艾森豪於華府決定在一九五八年七月成立美國太空總署（NASA），以抵抗蘇聯勢力的擴張。但這並非他那年唯一的決定，還有另一件事較鮮為人知：過了幾個月，也就是隔年二月，他成立了另一個單位「ARPA」。這個隸屬於國防部的先進研究計畫署（Advanced Research Projects Agency），顧名思義，就是負責開發新技術。一九七二年，該機構正式更名為國防高等研究計畫署（DARPA），特別加了一個D代表國防（Défense），提醒眾人其任務當然是國防導向……不過先別急著下結論！

一九六二年十月，約瑟夫・卡爾・羅伯內特・利克萊德（Joseph Carl Robnett Licklider）被任命為ARPA資訊處理技術部門的負責人。當時已經相當有名氣的他，剛發表了幾篇論文，文中表述了自己構想的「銀河網路」概念：世界各地的電腦可以藉由此網路互連以交換資訊。麻省理工學院的資訊科學家倫納德・克萊因羅克（Léonard Kleinrock）也在同時發表一篇論文，建議透過「封包交換」機制在網路上進行資料傳輸：它不像傳統電話那樣單純用類比電流通信，而是將資訊拆成好幾個獨立的封包，透過網路上的不同中繼節點送出去，然後在接收端將收到的封包重新組裝成原有的資訊……如此一來，通訊就不會因為某條線路被切掉而中斷！

一九六五年，麻州與加州剛用電話網路試行初步連線後，一位麻省理工學院的研究人員勞倫斯・G・羅伯特（Lawrence G. Roberts）意識到同僚使用的模型優點，於是鼓勵ARPA也採用。一連串的行動相繼而至：羅伯特於一九六六年加入該單位後，火速於一九六七年擬定了「阿帕網」（ARPANET）計畫，並於一九六八年八月正式委託BBN科技生產所需的交換機（介面訊息處理器，Interface Message Processors）。最後終於趕在一九六九年結束前的幾個月，把網路設備分別安裝在加州大學的實驗室（節點1，此時倫納德・

克萊因羅克也加入了該研究陣營）、著名資訊科學的翹楚道格拉斯・恩格爾巴特（Douglas Engelbart）等人所在的史丹福研究中心（節點2）、聖芭芭拉大學（節點3）與猶他州立大學（節點4）。人類在幾個月前已經登陸月球了，網際網路卻才剛剛問世……

—另見—

・電腦（一九三六年）　・人造衛星（一九五七年）　・全球資訊網（一九八九年）

公元一九七一年——

微處理器

於一九七一年誕生的微處理器，不但讓資訊業有了飛快的進步，也為個人電腦的發明鋪平了路。

隱身於手機、平板、電腦裡的微處理器，不但無所不在，功能還越來越強大，現代人的生活已經再也離不開它們。不過別擔心：這些微處理器只能遵照作業系統發出的指示，為我們服務。一九七一年，那時微處理器還未問世；若要製作處理器，得把需要的電子零件一個個組合起來，結果就是成本高，體積也可觀。一九四七年起因電晶體的誕生，使得縮小機器尺寸的可能性終於出現曙光。而微處理器說穿了，就是把所有電子零件整合為單一元件，只是該怎麼做……我們還是得想一下。

率先在一九七一年完成這項任務的是馬辛．霍夫（Marcian Hoff），不知為何他都自稱「泰德」（Ted）……一九三七年出生於紐約州羅徹斯特的他，在電子學方面有紮實的知識，曾先後在壬色列理工學院與史丹福大學任教，他的博士學位也是於一九六二年在史丹福大學拿到的。一九六八年，他加盟了由安德魯・葛洛夫（Andrew Grove）、高登・摩爾（Gordon Moore）、羅伯特・諾伊斯（Robert Noyce）三人創立的公司：英特爾。這間公司是半導體製造領域的專家，成立次年就與日本企業Busicom簽訂重要合約，負責為他們生產一款小型可程式化計算機。這個挑戰對英特爾未來的發展極為重要，於是泰德提議把十二個所需電路整合成一塊晶片，以應付未來所需。然後他便與同事斯坦利・馬孫爾（Stanley Mazor）合作設計，不到兩年就做出史上第一顆四位元微處理器，並命名為Intel 4004。

這項發明完全是集合眾人智慧的結晶：Intel 4004裡共有約二千三百個電晶體，每秒可執行九萬左右個指令，最高時脈可達七百四十 kHz……計算能力與二十年前在賓州誕生的ENIAC差不多，但後者重達三十噸。不過英特爾當年差點就把金山拱手讓人：當初簽訂的合約寫明，Busicom以區區六萬美元買斷整個微處理器的設計。好在日本客戶因為現金周轉不靈，只好急忙將發明賣回給這間美國公司……這也就是為何英特爾今日能發展到如此的規模。至於立下大功的泰德・霍夫從此平步青雲；從一九八四年開始逐漸跳脫技術顧問的角色，轉任企業主管，一路爬到某間技術服務企業的副總裁。英特爾其中一名創辦人高登・摩爾則在之後提出了一條著名法則：根據「摩爾定律」，微處理器裡的電晶體數目約每隔兩年就會加倍，這個預言到現在依然相當接近現實。

—**另見**—

・電腦（一九三六年）　・電晶體（一九四七年）　・Windows 1.01（一九八五年）

公元一九七一年——

電子書

一九七一年七月四日，史上第一本電子書，藉一名伊利諾州立大學學生之手誕生，他輸入的是〈美國獨立宣言〉全文。

電子書（以數位資料儲存的書籍）早在一九七一年就問世，距今快五十年了……那時未達二十歲的青少年，應該完全聽不懂這個名詞，雖說他們的上一輩可能還有些印象，但提到此事，不免有股穿越時空回到古代的感覺。當時就讀於伊利諾州立大學的麥可．哈特（Michael Hart）申請到大學資料科學實驗室電腦的登入權限：在計算資源稀少又昂貴的年代，這可是超棒的禮物。一九七一年七月四日，為表達欣慰之情，他特別在國慶日登入，並以ＡＳＣII編碼輸出〈美國獨立宣言〉全文。這份由美國開國元勳在一百九十五年前簽署的文告總共占用了５ＫＢ的記憶體（在當時算超大），若是貿然送出有可能導致系統癱瘓，所以他無法寄給網路上的數百名使用者。因此，麥可．哈特就乾脆只給眾人該檔案的儲存位置。之後至少有六人下載了此檔案，反應看來還不壞，這個年輕人因此再接再厲：他在次年決定把〈權利法案〉（〈美國憲法〉前十條修正案的統稱）全文上傳，至於〈美國憲法〉全文則交由志願幫忙的友人負責，兩人合力在一九七三年完成這項任務。

雖然三年內只上傳三件文本，不過「古騰堡計畫」已經開始步入正軌。儘管他毅力可嘉，但到一九八〇年代末為止，也只募集到少數幾個志同道合的夥伴；一九八九年八月，該計畫才開始慶祝第十件文本的誕生，這次上傳的是《詹姆士王聖經》，此為十七世紀初出版的《聖經》英譯本。最後還是靠全球資訊網的誕生推了一把：電子書下載變得容易得多，而且這樣更方便在世界各地招募新的志工。一九九一年開始，每個月可以數位化並校對一件文本，一九九二年增加為每月兩件，一九九三年變為每月四件……一九九四年一月，該計畫慶祝第一百篇文本上傳，這次是《莎士比亞全集》。隨著一本本書成功上傳，各種不同語言也開始出現：一九九七年八月上傳的第一千本是《但丁神曲》；一九九九年五月的第二千本是塞凡提斯（Cervantes）的《唐吉訶德》；於二〇〇〇年十二月上傳的馬塞爾．普魯斯特（Marcel Proust）大作《在少女花影下》（*À l'ombre des jeunes filles en fleurs*）則是第三千本……大型機構也受此啟發，紛紛將館藏大規模數位化：華盛頓的國會圖書館從一九九八年起提供五萬冊線上書籍，而法國國家圖書館的加利卡計畫，也在同年提供兩萬冊……當初在伊利諾州發源的小溪，已然匯流成一條廣大的國際河流。

—另見—

・電腦（一九三六年）　・網際網路（一九六九年）　・全球資訊網（一九八九年）

公元一九七一—

伊隆・馬斯克

試找出資訊科技業、銀行業、電動汽車、太空旅行等領域的共通點？有，伊隆・馬斯克（Elon Musk）是也……

任何一本有為青年的傳記，不管是批判性還是神化性，為了找出其成功之道，都會不知不覺放大某些面向。新聞媒體或網際網路上關於伊隆・馬斯克的眾多敘述就是如此。一九七一年六月二十八日於南非普利托利亞出生的他，從小就表現出永不滿足的求知慾：據小他一歲的弟弟肯貝爾（Kimbal）所述，他從青少年時期就養成每天讀完兩本書的習慣。但他人生的苦日子也從青少年開始：在學校被霸凌，一九七九年父母離異後又經歷了一段痛苦的日子……好像也沒什麼特別，而且有個身為工程師的父親，與身兼模特兒與營養師的母親，伊隆的童年其實還算過得不錯。之後的經歷就真的很特別了：一九八八年，他前往加拿大繼續學業，然後轉到美國，在賓州大學取得學位；雖然他本來想攻讀物理學，但最後仍選擇輟學。

整個故事從這時開始加速展開。一九九五年，伊隆與肯貝爾靠父親贊助的二萬八千美元，成立了新創公司Zip2，該公司協助企業在線上發布內容。由於業績蒸蒸日上，四年後他們將Zip2以三．四一億美元的價格賣給康柏（Compaq），其中有二千二百萬進到伊隆的戶頭……因初嘗勝果而興奮的他，開始進軍線上支付，並於二〇〇一年二月成立X.com（後來改名為Paypal），然後又狠賺一筆：該公司於二〇〇二年十月被eBay以十．五億美元收購，它的創始人因此進帳一．七五億美元！伊隆自此開始了各種稀奇古怪的計畫：先是成立了太空探索科技公司（SpaceX），旨在降低太空運輸的成本並進行火星殖民。這個計畫剛開始引來不少冷嘲熱諷，當伊隆正式將他的火箭命名為「獵鷹」（Falcon，與星際大戰系列要角韓索羅的飛行船同名）時，受到的批評更狠……但當SpaceX與太空總署在二〇〇八年簽下供應國際太空站的合約時，這些雜音驟然停止。

同年，伊隆．馬斯克進一步將業務多元化發展，接管當時遭遇嚴重困難的電動汽車製造商特斯拉（Tesla），自此該公司營運強勁回升，並於二〇一六年以二十六億美元的價格收購太陽能面板製造商SolarCity。今日的伊隆．馬斯克是坐擁近二百億美元的億萬富翁，他打算用這筆財產打造出一個更宜居、更有責任感的星球……這樣還要不要移民火星啊？

—另見—

• 汽車（一七六九年）
• 火箭（一九二六年）
• YouTube（二〇〇五年）

公元一九七三年——

行動電話

其實最早的「行動」電話在一九五〇年代就有，只是得裝在車子裡才能「行動」；而真正的「行動電話」要等到一九七三年才誕生。

手機業是個相當龐大並擴及全球的市場。根據最近的統計數字：雖說地球總人口在二〇一六年底將近七十五億，但手機用戶已經超過七十四億，帳面上看來幾乎人手一支！就算把已開發國家與開發中國家分開來看，結果也不會差太多：在北美、歐洲和某些亞洲國家，手機用戶比居民總數還多（因為有人可能有兩、三支手機）；但總體看來，大部分國家的持有率都超過95%。只有少數幾個國家明顯落後，但主要是政治因素而非經濟因素：例如有二千五百萬居民的北韓，手機用戶只有區區二百萬……當然獨裁政權給出的帳面數字大多有調整過，所以真實性如何還有待商榷。那手機為何會如此普及，到今日尤甚？除了單純的通訊外，上網方式簡化，使得何時何地都能連線，難怪有些政權會如此忌憚。

雖說行動電話成功開闢出自己的市場，但它在誕生之初並不那麼實用，炫耀價值比較大。早在一九五〇年代，幾種車用機種就已經上市。不過為何不直接生產行動電話？原因很簡單：當時雖說光靠車上的天線就能接通線路，但電話所需的高電量電池沒法做到那麼小，只能依靠車子來提供所需電源。車用電話於一九五六年在法國上市，但是使用者從未超過千人，因為當時只有單一頻段可用，所以相當缺乏彈性：當某用戶撥打電話時，頻段會被發話方與受話方占用，其他人就無法打進去；要等到通話結束後，頻段才會再被放出來讓下一位用……所以通話得盡可能簡短，遇到占線的話就得耐著性子等！

完全獨立的行動電話一定是在一九七三年四月三日前就已誕生：因為創造出原型機的兩位工程師馬丁・庫珀（Martin Cooper）和喬・恩格爾（Joel Engel），是在那天從紐約街頭用它來打電話的。不過當時只做了兩台，重達八百克，還得先充電十小時才能正常運作。他們的東家摩托羅拉（Motorola）花了十多年的時間不斷改良，最終得以在一九八四年正式推出行動電話，定價三千九百九十五美元，這個價錢在當時只有上流階級買得起。經過無數次改良與發展後，手機才普及至今日人手一機的境界……

—另見—

- 電話（一八七六年）
- 無線電（一八九六年）
- 史蒂夫・賈伯斯（一九五五—二〇一一年）
- 網際網路（一九六九年）

公元一九七四年——

便利貼

不黏的膠水、尋找移動書籤的合唱團團長、本來停滯不前的銷售量一飛沖天……這就是便利貼的故事！

發明本身也是很講機運的，有些專家把這種機運稱為「意外發現」（sérendipité）。這個字彙源自十八世紀的賀拉斯・沃波爾（Horace Walpole），他在一封英文書信中提到「serendipity」一字，但這個字其實沒有嚴格的定義。大致說來，指的是在不經意間吸取教訓或發現特殊應用的能力。雖說法國科學院建議改用「偶然」（fortuité），這樣才更符合法語的形象；但不論改用哪種字眼來形容，便利貼的發明都是個經典案例……儘管整個企劃從最初的想法到最後的熱銷已經大幅轉彎，我們在態度上還是該保守一點。

一切要從美國大企業明尼蘇達礦業及製造公司（Minnesota Mining and Manufacturing Company，就是鼎鼎大名的「3M」）說起：這家企業以製造透明膠帶等商品而聞名，但該公司的業務其實相當多元。甫從亞利桑那州立大學畢業的二十三歲化學家史賓塞．席佛（Spencer Silver），在此盡情操作所有他能弄到的公司產品，而他在無意間合成出一種丙烯酸聚合物黏膠，其特性就是非常……沒用！雖然有黏性，但是相當差；換作是其他科學家，早把這種東西扔了。但席佛堅持天生此「才」必有用，若是做成可重複黏貼備忘事項的公告欄，有些企業或政府部門應該會感興趣。但這個提議被他周圍的年輕科學家同僚冷處理……

一九七四年，史賓塞．席佛在3M舉辦的研討會上結識亞瑟．傅萊（Arthur Fry）。後者在公司負責銷售滑雪板用的膠帶……當然，這看起來跟不黏的膠水好像沒啥關聯。但他每週日都會在北聖保羅（明尼蘇達州的一個小鎮）的一間長老教會裡帶領合唱。然後他想到可以用席佛的產品製作可重複黏貼的書籤，這樣才不會傷到他的詩篇。產品目標相當明確，即使是在美國這種虔誠的國家也能賣，但應該也可以擴展到其他，甚至所有物體表面。一九七八年，3M開始試賣但業績不好：銷售人員再怎麼口若懸河，也無法解釋這些黃色的小紙片到底可以幹嘛。（那時取的商品名很難理解：「Press'n peel」，先貼再撕？）次年他們重新企劃，先是免費分發產品提供試用，這次的策略成功了：用過的客戶反應很好，紛紛回頭要求購買庫存商品。「便利貼」就這樣席捲美國，下一步即將席捲天下。

—另見—

・墨（公元前三千兩百年）・原子筆（一九三八年）

公元一九七八年——

全球定位系統

在我們日常生活中相當實用的GPS，其實是美國五角大廈機密軍事研究的成果……

要如何即時知道自己所在的位置？這種困擾並非我們這個時代的人獨有。想想人類從歷史中一路走來，費盡心思想把陸地上或海上的版圖再稍微擴張點，但說穿了就是靠兩種方法：移動或戰鬥。美國國防部之所以在一九六〇年代末設計出這種基於最新衛星技術的定位系統，正是因為要獲得戰略上的絕對優勢。

隨後美軍即刻著手實現這個被命名為「NavSTAR-GPS」（即時全方位導航系統—全球定位系統）的系統，並於一九七八年發射了第一顆試驗衛星。但是全球定位系統要全面運作為時尚遠：總共需要二十八顆衛星，外加四顆「備用」，以便在故障時可以隨時接手；然後還要在科羅拉多泉、太平洋上的夏威夷與瓜加林環礁、大西洋上的阿森松島、印度洋上的迪亞哥加西亞島五處各蓋一間控制站……雖說整個計畫到一九九五年才大功告成，但在那之前已經進行過幾次實戰演練，包括投放炸彈或發射導彈。後來美軍也將這種方便的系統開放給民間應用，不過有嚴格管制用途（這麼精密的設備，看得這麼緊很正常）。

要正確定位至少需要四顆衛星，而且最好在天穹上分得開開的：每顆衛星在發送訊號當下的位置都是已知，其訊號傳輸速度也是固定（光速），所以只要算出訊號從傳送到接收花費的時間，就能估計出地球上的使用者與衛星的距離。聽起來就跟打個招呼一樣簡單，只是需要一點相對論校正；對於地球上空兩萬公里的衛星來說，時間流逝的速度與地面上還是有點差距的，因為兩者受的重力不同，而且衛星的相對速度也快得驚人。不過地面一天與太空一日只會差到幾微秒，也就是說衛星老化的速度，會比設計它們的工程師稍慢一點點；這種差距雖然非常非常小，但足夠造成幾公里的誤差，使GPS完全失效。

每當我們啟動車上或手機上的GPS，都要記得感謝阿爾伯特·愛因斯坦，這點應該不會有人有意見；當然也不能忘記五角大廈的貢獻，雖然有些人可不以為然！

—**另見**—

- 人造衛星（一九五七年）

公元一九八〇年——MINITEL

一九八〇年問世的Minitel是百分之百法國製造，這點絕對沒人懷疑。最有力的證據就是，這個小型終端機從未成功打進法國以外的市場……

一九七七年十二月，西蒙．諾拉（Simon Nora）與阿蘭．明克（Alain Minc）發表了〈邁向資訊化社會〉一文。他們建議法國政府在電話與資訊之間建立一個大規模的連繫，以因應未來個人電腦方面可能的挑戰，「遠端化」（télématique）一詞，就是這兩位作者在此時發明的術語。國家電信研究中心已經為此事準備了好幾年。一九七四年起，一個名為「TIC－TAC」（含螢幕並使用鍵盤操作的整合型終端機）的裝置，開始在工業與商業貿易展覽會上公開展示。但當時由於大眾對此意見仍然分歧，所以還無法爭取到電信業的全力支持。

隨後在國家的支持下，開始動員相關領域的菁英。雷恩的電視暨遠端通訊研究中心著手研發第一批終端機，並於一九八〇年在聖馬洛開放給五十名用戶進行測試：Minitel在這年正式誕生。而這個計畫遇到了不少困難，最大的阻力就是以《西法蘭西報》（*Ouest-France*）為首的新聞媒體，因為他們害怕新競爭對手的出現。不過凡爾賽和韋利濟─維拉庫布萊附近，已經開始有「電視通話」（Télétel）等可使用電視連線的測試方案，接著伊勒─維連省的四千名志願參與Minitel測試的用戶也各收到一組機器。

從一九八二年起，這些目標導向的實驗結束，開始大規模營運：該年安裝了十二萬台終端機，遍及全國；一九八四年擴增到五十萬台，一九八五年則是大幅增加為一百萬台，一九八六年又加倍成兩百萬台，一九八七年變為三百萬！提供的服務數量也越來越多，到一九九〇年初居然有兩萬種服務！當時最多人用的是代號「三六一一」（電話簿）與「三六一五」（包含交友與色情電話等服務）。然而，儘管Minitel在一九九三年依然大行其道，全法國已有六百五十萬名用戶，它仍然面臨新競爭對手的挑戰：全球資訊網（Web）。

雖說法國人相當支持他們國產的終端機，但Minitel對上Web根本毫無勝算。連政界人士都擔心法國會因Minitel錯過Web帶來的轉變，一九九七年，閣揆里昂內爾．喬斯班（Lionel Jospin）還說「Minitel是本國發展出來的獨家網路，但其有限的技術力可能會阻礙新的資訊科技應用的發展。」此外我們也該有自知之明，雖然全世界都羨慕Minitel的成功，但可沒人想把它買下來！

—**另見**—
‧網際網路（一九六九年）
‧全球資訊網（一九八九年）

公元一九八四年——

3D列印

世人皆以為發明3D列印的是美國企業「3D系統」的創始人查克·赫爾（Charles W.Hull），但它其實是在法國誕生的！

目前三維列印市場規模已達數十億美元。這個數字其實很合理：3D列印說穿了，就是直接複製整個物體的形狀，不管是哪種物體都行。有家企業在這方面相當有名，那就是查克·赫爾於一九八六年在美國加州草創的「3D系統」。二〇一五年一月在拉斯維加斯舉行的消費電子展（CES）中，時任經濟部長的馬克宏（Emmanuel Macron，於二〇一七年當選法國總統）還親自蒞臨該公司的展位並當場委以重任，以此可看出這間公司在業界的聲望有多響……但未來的總統先生那時是否知道，在他還不滿六歲時，這項技術就已經於自己將來會統治的國家誕生？

這一切都要從一九八三年，通用電氣公司（CGE）位於馬爾庫西的研究中心開始說起。有位化學工程師阿蘭・勒・梅哈特（Alain Le Méhauté）在此進行關於碎形物體的理論研究（簡單來說，就是為了證明不同的分數微分方程式，對於理解熱力學與物理化學動力學方面的異質性與複雜性有多重要……算了還是別說了）。在某次與身為雷射專家的同僚奧利弗・德・威特（Olivier de Witte）討論後，他們開始孕育出3D列印的想法，並嘗試用兩種雷射，把原為液體的單體化合物轉為固體聚合物。但是初步結果並沒有達到他們的期望，第一批成品不管是形狀或堅固性均未達到標準。

法國國家科學研究中心研究員，兼光化學領域重量級專家的讓—克勞德・安德烈（Jean-Claude André）隨後也加入團隊，並提供一種較可行的解決方案：這次不是一口氣把形狀塑出來，而是把形狀分層描起來，再層層合併為一。當然這可不是一眨眼就能完成的小事：要完成這個計畫，得動員資訊科技、自動化、光學、機械、光化學等領域的科學家合力研究……遺憾的是，這三位科學家沒把握好這次機會，真正造就「立體光刻雷射」這門技術。一九八四年七月十六日，工業雷射公司（Compagnie industrielle des lasers，CILAS，CGE的子公司）搶在潛在競爭對手——美國研究員，查克・赫爾之前，正式申請了專利！然而成功的故事並沒有接著寫下去：CILAS放棄專利，讓大眾得以自由使用此技術。人在大西洋另一邊的赫爾卻湊齊了資金，於一九八六年成立了「3D系統」，這間公司現在的營業額已經超過六億美元。讓－克勞德·安德烈、阿蘭·勒·梅哈特、奧利弗·德·威特等人犯的唯一錯誤，就是未能堅持自己的初心……

—**另見**—
·雷射（一九六〇年）

公元一九八五年——

WINDOWS 1.01…

現今世上最多人使用的作業系統要到一九八五年才誕生，不過整個歷史要從Windows問世前十九年，西雅圖學生家長組織的一次慈善義賣說起。

作業系統（operating system）是電腦的核心。開機後，它就會啟動必要的應用程式，用以操縱硬體並執行使用者的請求。最古老的當屬一九六〇年代，劍橋的麻省理工學院研發的的「Multics」；而它後來被改寫成「UNIX」，為後來的技術人員提供了很好的環境。作業系統最初只保留給大學、工業和軍事相關研究中心使用（但這三者在美國有時根本分不開），但到了一九七〇至一九八〇年代，隨著個人電腦的興起，漸漸普及到一般大眾；然後Windows以其特殊的介面，確立其在市場上的霸主地位。

現在把鏡頭轉到一九六〇年代：西雅圖湖濱中學的家長籌畫了一次慈善義賣，預計用所得款項跟奇異公司租借電腦，以供自己的孩子學習；在這些孩子當中，有兩個對電腦特別有興趣，連睡覺都守在電腦前。本來奇異公司在一九六八年提供的使用時數，應該夠全校用好幾年；但這兩個孩子——十五歲的保羅．艾倫（Paul Allen）和十三歲的比爾．蓋茲（William Gates）——不到幾週就把這些時數都用光了！所以保羅和比爾與另外兩人——理查．威蘭（Richard Weiland）與肯特．伊凡斯（Kent Evans）合作，提供當地企業「計算機中心公司」（Computer Center Corporation）服務，為他們找系統漏洞，以換取免費使用該公司推出的三十六位元電腦「ＰＤＰ－10」的機會。對青少年來說，這筆交易很划算，但對另一方來說不是，該公司兩年後就破產了。於是這些資工宅男繼續學業，但依然保持密切聯繫。一九七五年，史上第一台專為單人使用設計的個人電腦，也是資訊界的傳說機Altair 8800上市，給了保羅和比爾一個好機會：他們於當年四月成立了微軟公司（Microsoft，其實是Microcomputer Software的縮寫，意為「個人電腦軟體」），並於一九七六年十一月二十六日註冊商標。

兩人先在Altair上開發了程式語言「BASIC」，初嘗勝績。然後在一九八〇年與ＩＢＭ簽下合約，開發給5150系列個人電腦用的ＰＣ－ＤＯＳ系統。比爾．蓋茲在此展現了強大的協商能力：他沒將所有權讓給ＩＢＭ，所以能把它改版成ＭＳ－ＤＯＳ，並賣給其他廠商，每多安裝一台就賺三十五美金……從此錢途源源不絕！這筆鉅款使這間西雅圖公司可以繼續開發新系統「Windows」，並於一九八五年十一月二十日發行1.01版。雖說看起來比較像單純的圖形介面而非作業系統，但它可是這家企業的強大技術力與商業潛力的象徵。

—另見—

・電腦（一九三六年）　・微處理器（一九七一年）

公元一九八九年——全球資訊網

一九八九年，全球資訊網於歐洲核子研究組織內誕生，離網際網路在美國問世剛好二十年。

網際網路（Internet）與全球資訊網（Web）有何不同？它們經常被混淆，有時甚至被當成同義詞，不過絕對是兩種不同的東西！網際網路是一種電腦網路，於一九六〇年代末從美國聯邦機構ＡＲＰＡ的魔杖下誕生。而全球資訊網也是一種網路，可它是由全球存有資料的數百萬伺服器，透過超文字連接在一起的網路。總之，一邊是實體網路，一邊是資訊網路，後者要靠前者支撐；雖說兩者關係緊密，但是差異如同海與地。

曾有人這麼說：網路世界起源於新世界，全球資訊網則於二十年前的舊世界誕生……聽得懂這句話的涵義嗎？一九八九年三月十二日，歐洲核子研究組織（ＣＥＲＮ，全名，Organisation européenne de recherche nucléaire，此組織是從「中心」（centre）改制來的，但是縮寫中還是保留了「C」，因為這已是官方認證的縮寫，所以要遷就！）的一位電腦科學家，在其上司的辦公桌上放了一份內容只有幾頁的企劃案：「資訊管理：企劃案」，這位科學家便是提姆．柏內茲—李（Tim Berners-Lee）。他希望為自己的同事，甚至是全世界的科學家提供一種即時交換資訊的方法。為此，他建議結合兩種工具：網際網路（當時已經有點普及了）與「超文字」，後者最早可以追溯到二戰過後；這個術語是社會學家泰德．尼爾森（Ted Nelson）於一九六〇年代中期創造出來的，指的是透過藏在某行字句中的連結，就能通往相關資訊所在的網路（又一個網路！）。

鏡頭回到CERN，提姆．柏內茲—李的主管麥克．森德爾（Mike Sendall），認為這個主意很棒並同意進行，還提供一台電腦作為第一台伺服器。隨後的幾個月中，他在羅伯特．卡里奧（Robert Cailliau，比利時籍工程師，原先在根特大學修習流體力學，畢業後轉往密西根州立大學攻讀資料科學）相助下改良了相關工具。然後他建立了HTTP傳輸協定，以定位和設置超連結，並創造HTML語言來建立網頁，奠定了整個系統的基礎。一九九〇年五月，這個項目被正式命名為「全球資訊網」（World Wide Web），從其名可見發明人將之擴展到世界各地的野心。十二月二十日，史上第一個網頁上線，但只能從CERN內部區域網路拜訪。該組織研究人員達成初步成果後，於一九九三年四月將Web

開放給大眾使用，之後有多成功應該就不用說了……

—另見—

・電腦（一九三六年）・網際網路（一九六九年）・維基百科（二〇〇一年）
・Facebook（二〇〇四年）・YouTube（二〇〇五年）

今天……與明日？

在新的資訊與通訊科技的推波助瀾下，人們已對不斷推陳出新的先進技術見怪不怪。本書的發明年表似乎也證實了這點：人類一路走來，以往本來花上數十年、數百年，甚至數千年才有辦法稍微進步一些，但現在幾乎每年都有一大堆新發明誕生。雖說人類花了兩百萬年光陰，才從「製作石器」進步到「已知用火」，而Facebook和Twitter僅相隔兩年就相繼誕生。不過別過度解讀這個現象，這種比較其實相當無腦！某些發明其實不能算真正的原創，比較像是「改良」；但它們的優點、原創性與帶來的轉變不會因此被抹殺：例如維基百科，它創下的成就當然非比尋常（等一下我們會談到），但狄德羅（Diderot）與達朗貝爾（D' Alembert）早在二五〇年前就編撰了史上第一部綜合《百科全書》。能將人類到目前為止的成就，改用這種大規模的新方式留存下來，對歷史發展完全是好事。

這條我們從三三〇萬年前開始走的道路是否已達盡頭？當然還沒：若能

吸取歷史給我們的教訓，那就沒有任何事情能夠阻礙人類的創造力。世界各地的研究重鎮已經在醞釀一些發明，但還有其他人仍處於休眠狀態，隨時可一鳴驚人。我們或多或少都耳聞一些突破性的進展，使得某些只能在小說（甚至哲學）中看到的虛構情節有可能成真，例如隱形或遠距傳送，雖說目前還只是初步研發階段。還有一些像是再生能源、前所未有的靈感之源或與自然交流的方法等技術，讓人類得以因應第三千紀初不斷出現的挑戰。有人甚至還夢想達到究極發明，打開永生之門。但若真能永生，唯一能激勵我們的有限生命不再有限，那發明還有任何意義嗎？當然不，能阻礙人類創造力的，只有人類自己……

公元二〇〇一年——

維基百科

維基百科在二〇〇一年上線後迅速席捲全球，雖說功過都有，仍為百科全書史寫下了新的一頁。

於二〇〇一年推出維基百科的兩位美國幕後功臣，企業家吉米．威爾斯（Jimmy Wales）與哲學家拉里．桑格（Lawrence Sanger），到底算不算發明家？百科全書歷史其實在上古時代就出現了，歷史相當悠久，有不少著名先賢都獻身其中，其中最有名的當然是十八世紀的狄德羅與達朗貝爾（D'Alembert）所主編的《百科全書》。他們的成果不僅具原創性，也掀起一股驚人的浪潮，所以被列名在第二千紀的偉大發明家名單上，可說當之無愧。

一切都要從公元二〇〇〇年說起，有家公司想發展一種不太跳脫傳統的新型線上溝通工具，於是就有了Nupedia：原先的構想是讓這個網站能提供由專家撰寫，並經過同儕評閱的內容，而且完全免費供大眾線上閱覽。但成果離預期相當遠：六個月後，真正通過編寫和評閱兩階段的文章只有兩篇！因此拉里．桑格建議發起另一個「維基」計畫，將此應用程式向所有人開放，誰都可以透過Web頁面建立或修改內容。原本目標是為了充實內容，經過評閱後便可以拿來給Nupedia用……只是維基百科在二〇〇一年一月十五日上線後，馬上搶走其前輩Nupedia的鋒頭：從第一年開始就多了兩萬篇以英文發布的文章，至於其他語言版本也陸續在全世界推出，像法語維基百科就於二〇〇一年五月正式上線。內容也呈指數級增長：推出後十年，所有語言的內容加起來已有超過一千一百萬篇文章，到二〇一八年甚至突破四千萬篇。在這種情況下，當然不可能每篇文章都一一檢查，何況每年都有增加新的語言：像夏安族語（cheyenne）這種差不多只有兩千多人（集中在蒙大拿州與奧克拉荷馬州）用的語言，都有超過六百篇文章……

最後，只有貢獻內容者和參閱者能確保線上發布內容的正確性，必要時只要遵循維基百科制定的一些原則（例如中立性與禮節等）就能修改……不過不是每個人都會照這些原則做！由於擔心被濫用，拉里．桑格在二〇〇二年離開這個計畫。現在維基百科不但是世界上被批評最多的網站，也是世人最常訪問的網站……但是有件荒謬的事實是科學也無法解釋的：二〇〇五年十二月，《自然》（*Nature*）雜誌發表了一項分析，結果顯示維基百科平均每篇文章有三·八六個錯誤；而著名的《大英百科全書》中，平均每篇則有二·九二個。

—**另見**—
・網際網路（一九六九年）
・全球資訊網（一九八九年）

公元二〇〇四年——FACEBOOK

……………

於二〇〇四年成立的Facebook，在不到十五年的時間已經吸引了超過二十億用戶。但這個相當誇張的成功可能不如表面上那麼輝煌……

……………

從未有哪種發明能在如此短的時間內引發這麼多相關文章、書籍、紀錄片和電影（包括二〇一〇年上映的《社群網戰》（*The Social Network*））爭相探討。必須承認這個故事寫得很好，就像真的一樣：在遭受失戀的打擊後，哈佛大學學生馬克·祖克柏（Mark Zuckerberg）入侵校園網路，建立了他的第一個網站「Facemash」；網站上收集了不少該校學生的照片，其他學生可以線上投票選出自己偏好的那張。雖說他因此事差點被開除，但他依然在二〇〇四年二月四日啟動一個可快速跟哥倫比亞大學、史丹福大學、耶魯大學等知名大學共享資訊的網站「Thefacebook」……然後他在加州的帕羅奧圖建立自己的總部，開始把觸角伸往全世界！

這家企業之後的發展堪稱「成功典範」。Facebook（二〇〇五年買下網域名稱後，正式把前面的The去掉了）於二〇〇四年的營業額為三十八萬美元，到二〇〇五年增加到九百萬美元，二〇〇六年變成四千八百萬美元，二〇〇七年為一億五千三百萬美元，二〇〇八年為兩億七千兩百萬美元，這年使用者突破一億大關。二〇一七年，這家企業聲稱營業額已超過二十億美元，光是帳面上的收入就有四百億美元，盈利超過一百五十億美元；這個數字雖說已經十分驚人，但未來還有相當大的成長空間：Facebook的使用者人數差不多是全世界人口的四分之一，所以還可以繼續吸引剩下的四分之三……

這種社交網路之所以會如此成功，一來是因為其原創性，二來是因為經過無數次改進。羅列了照片、身分證上才會有的機密資料、主要興趣，有時甚至還有戀愛對象……約十五年前才推出的「個人資料」已經算過時了，當然那個有名的「動態時報」也差不多。在所有相關的演進中，除了每年都有一些應用程式火紅，「按讚」功能也廣受喜愛：這個簡單的妙點子是賈斯汀．羅森斯坦（Justin Rosenstein）在二〇〇九年提議的。

而這位程式設計師從那時起，就與Facebook漸行漸遠，漸漸地很多同事也與他一樣：覺得自己創造出一頭大怪物，即使是當初創造它的人也無法控制……靠使用個資與操縱資訊等爭議方式獲利，並非他們的初衷。根據各種爭議頭條與馬克．祖克柏本人那些缺乏說服力的解釋，Facebook本質上的缺陷一覽無遺：這個駭人怪物的腳是泥巴做的，一啄就碎！就看以後會不會變成眾矢之的……

—**另見**—

- 網際網路（一九六九年）
- 全球資訊網（一九八九年）
- YouTube（二〇〇五年）

公元二〇〇五年——

YOUTUBE

二〇〇五年四月二十三日，YouTube發布了第一部影片，長度只有短短十八秒；結果今日該站居然每分鐘能累積七十萬小時的觀看紀錄！

短短十八秒的鏡頭，照的是一個年輕人站在聖地牙哥動物園的大象展示區前。他說：「這些大象們很特別的一點是，牠們的鼻子真的、真的、真的很長，太酷了。」當然，內容看起來沒什麼。除了影片下方顯示的上傳日期：二〇〇五年四月二十三日。《我在動物園》是YouTube發布的第一段影片，這些看起來溫馴的草食動物雖然以才智聞名，但卻不知道此刻有人在牠們面前寫下歷史！

這段名垂青史的影片，正是出自YouTube的創始人之一賈德．卡林姆（Jawed Karim）之手。他跟查德．賀利（Chad Hurley）、陳仕駿（Steve Chen）一同從PayPal離職後自立門戶，展翅高飛。原本的構想是要建立一個約會網站，讓每個人都能放一段影片介紹自己，進而吸引未來的靈魂伴侶主動上門。但是他們創造出的東西已經遠超出自己所能掌控：上傳到YouTube的影片五花八門，任何內容都有。有些企業預先抓住商機：第一部點閱率破百萬的影片，就是耐吉（Nike）請知名足球員「小羅納度」（Ronaldinho）拍的廣告。有些人則開始批評，質疑YouTube的收入根本難以維持其營運所需成本（約六十項），尤其是串流頻寬。不過該網站在二〇〇六年十月就被谷歌以十六億美元的價格收購，離創立僅一年多，讓這些批評的人徹底噤聲。

從那時起，Youtube不斷刷新了紀錄，那些數字讓人看了頭昏眼花。從目前的數據看來，每分鐘在YouTube上發布的影片長度總和超過四百小時；每天從世界各地的電腦、平板和手機連線觀看時數，累積起來超過十億個鐘頭，相當於十一萬五千年！至於順勢興起的「YouTuber」也獲得了空前的聲望，法國也出現了像塞浦路斯（Cyprien）、諾曼（Norman）和斯奎齊（Squeezie）等超過千萬人訂閱的網紅。不過這種成功並非沒有黑暗面。有些個案讓人噴飯，例如二〇一八年四月發生的「Despacito駭客攻擊事件」；「Despacito」是有史以來最多人觀看的影片，這部MV自二〇一七年一月十二日發布後，點閱率已經突破五十億！但是也有讓人笑不出來的個案：同樣發生在二〇一八年四月，一個自認無端被審查制度掃到的年輕女性進入Youtube加州聖布魯諾總部後，對這個棘手問題隻字未提，卻直接以九毫米口徑手槍射擊員工，然後自殺身亡。

另見

・網際網路（一九六九年）・全球資訊網（一九八九年）

公元二〇〇六年——TWITTER

……………

二〇〇六年三月，社交網站Twitter在舊金山誕生，其目標為：「即時了解世上正在發生的事」……

……………

電腦出現後，個人電腦也接著誕生；部落格問世後，微型部落格也出現了。在這方面，「Twitter在社交網站的市占率已經獨占鰲頭好幾年了。它的商標全世界都認得：一隻振翅的藍色小鳥，本來想讓人聯想到小鳥的啁啾聲「tweet」，但後來該字彙被引申為「只有幾十個字的短訊息」（二〇一七年十一月前上限為一百四十字，之後變為二百八十字）。使用人物的聲望是由跟隨者的數量來決定：二〇一八年六月，歌手凱蒂．佩芮（Katy Perry）的帳號有一．一億人追蹤，以些微幅度贏過小賈斯汀（Justin Bieber）。而有些政治人物甚至優先使用它與大眾溝通，例如美國總統巴拉克．歐巴馬（Barack Obama）與其繼任者唐納．川普（Donald Trump），連他們掌管的政府機關也是如此；只是他們有時會因此做出令人捧腹或撼動世界的不合時宜舉動……

Twitter一開始就像個俄羅斯套娃：這家於二〇〇六年成立的新創公司，其實是從另一間成立才一年的新創公司「Odeo」分出來的，這在新創技術領域並不稀奇。Odeo本是瞄準播客（一種傳播檔案的媒介，天哪！怎麼到處都是這種外來語）市場成立的公司，這個市場競爭相當激烈，主導此一市場的是蘋果公司的iTunes；這時有群三十多歲的青年：傑克．多西（Jack Dorsey）、諾瓦．葛萊斯（Noah Glass）、克里斯托弗．史東（Christopher Stone）、伊凡．威廉斯（Evan Williams）考慮建立一項新服務。他們最後想到了一個絕妙的點子：一個可以讓每個使用者用寥寥數語，向朋友交代自己目前動向的社交網路……總之就是「只交代頭尾」！二〇〇六年三月二十一日，傑克．多西發布史上第一條推文：「剛設好我的推特（Just setting up my twttr）」，這個由五個子音字母組成的單詞「twttr」就成了這個社交網路的名稱，一年後又變成「推特」（Twitter）。這樣還真看不出來是先有「推文」還是先有「推特」。

二〇一二年，他們選擇用鳥這種和平象徵作為友善阿宅一族的徽印，其口號「即時了解世上正在發生的事」也完全無害，還有教宗的加持：教宗（@Pontifex_fr）的第一條推文，是二〇一二年十二月十二日在本篤十六世（Benedict XVI）任內發的……Twitter在檯面上創造了一個天堂般的空間，但在社會看不到的幕後可非如此和諧：《紐約時報》記者尼克．比爾頓（Nick Bilton）指出，根據二〇一四年發表的某項詳細調查，社交網路的發展史充滿了權力鬥爭、財務衝突與背信棄義等黑暗面：這四名原本想拉近社會距離的創始人，很快就彼此撕破臉了。

另見

- 網際網路（一九六九年）
- 微處理器（一九七一年）
- 全球資訊網（一九八九年）
- Facebook（二〇〇四年）

明日——

用「噴」的衣服

用「噴」的衣服，這個發明是「現在式」，還是「未來式」？其實已經研發出來了，只是還未正式上市。這麼棒的點子為何不趕快拿出來賣？

衣服在未來發展的關鍵在於……它能否隨時消失？放心，我們沒有要討論天體主義，只是要介紹一種劃時代的發明。這是博學多聞的設計師馬尼爾．托雷斯（Manel Torres）設計的新式服裝（搞不好是這個新式服裝造就了設計師也說不定）。他先是就讀於英國皇家藝術學院，然後轉往倫敦帝國學院攻讀博士，並在物理化學教授保羅．盧克漢（Paul Luckham）指導下，於二〇〇一年得到博士學位。二〇〇三年，托雷斯博士在倫敦成立了「噴罐布料」（Fabrican）公司。最近幾年，他的公司已經在英國首都的生物創新中心站穩腳跟，證明這位研究人員下的賭注還是有點勝算的。但這是幹什麼用的？「噴罐布料」花了數年，研發一種由溶劑和纖維（天然的羊毛、馬海毛、棉或合成的奈米碳纖維）組成的產品，僅用噴罐直接往皮膚上噴，溶劑蒸發後纖維就會直接凝聚在一起，形成貨真價實的衣服。

當然，這種發明很快就面臨一些質疑。第一個問題當然就是對身體有無壞處？不會，因為使用的溶劑無毒。再來，這好不好用？當然，乾了以後衣服就不會黏在皮膚上，可以自由脫下來，就跟我們平常穿的T恤一樣。事實上，它還可以洗，或是塞回噴罐後重生成另一件新衣。這種東西若能成真，那光榮前景不難想像：不會再因為買錯尺寸而惱怒或沮喪，不必擔心一早起來才發現前天晚上忘了燙裙子或襯衫，不必再硬配不成套的衣服，因為想要什麼顏色都有……不過語言上的習慣當然得跟著改：不再說「我套件毛衣就過來……」而是改說「我噴件毛衣……」。「噴罐布料」還提出其他有的沒的優點：可以輕鬆補好襪子上惱人的破洞，外觀完全看不出來；防護或禦寒也簡單，天冷時只要多噴一層羊毛就好；最重要的是環保：在家就能做衣服，這樣就不用飄洋過海把衣服運到各處，大大減少碳足跡。

「噴罐布料」並不打算只專攻衣料：家用織物會是相當大的市場，例如傷口護理用的敷料；若在成分裡加點香水，搞不好還能當化妝品；甚至在兩性交往上也說不定能派上用場，因為隨處都可噴，在對的時候噴在對的地方，就成了現成的保險套！

—**另見**—

- 衣服（十九萬年前）
- 約瑟夫－瑪力・雅卡爾（一七五二－一八三四年）
- 軋棉機（一七九三年）

明日——
仿生學

……人類模仿生物其實由來已久，但仿生學可能是下一次工業與創作革命的基礎。……

仿生學在未來無疑將成為孕育無數發明的研究領域。目前已經有了一些成果，但是未來還會有何發展真的難以想像，因為自然之母還沒把所有祕密都告訴我們！

為何要特別開一篇講這個如此成功的領域？一直以來，人類從生物的多樣性中得到很多靈感。不信的話去看李奧納多．達文西設計的飛行器，完全是模仿鳥的翅膀；雅克．德．沃康松的自動裝置「消化鴨」（canard digérateur）就更不用說了；發明不到百年的魔鬼氈，還是從牛蒡那兒偷來的點子，這種植物種子上面有倒鉤，很容易就附著在衣服上……這些雜七雜八的東西哪樣不是從別種生物想到的？而這一領域（有時被稱作「生物啟發」）自二十一世紀初，就開始以前所未見的速度發展。

以往僅局限於複製生物特徵，再以傳統工業材料製造出來（通常是用石油合成的聚合物）；現在居然進展到模仿整個生態系統的運作，概念上如同智慧城市。「取之於自然，用完就回歸自然」的概念也漸漸流行：可回收、可自然分解、可循環利用、無汙染——未來的發明家會努力達成這個目標。總之，生物多樣性的概念已深入研發過程的核心：大自然不只能提供原料，也是能並肩開闢新道路的盟友。

在這個盟友面前，我們必須更加謙卑，原因應該不用多說，不管是從它的內在價值，還是從目前才剛開始的第六次大滅絕來看都是如此（不然還有誰能拯救我們？）；不過還有一個相當政治正確的原因，那就是它的經濟價值。時任法國環保兼永續能源發展部長的塞格琳．賀雅爾（Ségolène Royal）在向國家議會報告關於「生物多樣性」的政策草案時，提到的就是這個。該法案於二〇一六年正式施行。

那將來還有什麼應用？數也數不清。仿生學可能會孕育出一大堆發明，遍及各種領域，如機器人、化學、材料、通訊、結構等……總之，只要我們設法保護大自然，大自然就會提供給我們解決面前所有問題的答案。因此每個人都應該認真思索，尤其是今日或未來的發明家，他們當然是最該捍衛大自然的人。

—另見—

• 李奧納多．達文西（一四五二—一五一九年）
• 機器人（一九二一年）

明日——

隱形

以往只出現在想像或小說情節中的隱形，可能很快就能成真。

從H．G．威爾斯（H. G. Wells）在一八九七年發表的《隱形人》（*L'homme invisible*），到百年後穿梭在魔法學校的英雄哈利波特（Harry Potter）身上的斗篷，看得出來兩代人對隱形能力都有一定的痴迷。其實不只這兩代，上古時代的作家們早就肖想很久了，柏拉圖自己在《理想國》中就有提到類似的情節。牧羊人吉戈（Gygès）發現了一枚有隱身功能的戒指後，就靠它暗殺了利底亞國王並登上王位。這位哲學家以此警告世人，若真有隱形這種能力，「那可能無人能抵抗其魅力，因為從此不再受正義約束。」

但這個警告並不妨礙研究人員探索其可能性。二〇〇六年，倫敦帝國學院物理學家約翰．彭德里（John Pendry）宣稱，霍格華茲魔法師學徒身上的隱形斗篷的確可以成真，引起了科學界和媒體界的關注。實現這種驚人發明要靠變換光學，這是一種已經應用在光纖等設備的新科技。根據其原理，光行進的方向會因空間的折射率而改變……若能讓射向物體的光穿過物體直接出去，而不是反射到我們眼中，那對我們而言它就相當於隱形了！

宛如魔法一般，這些東西在單純的數學世界中一下子就能成真：包括馬賽的菲涅耳研究所在內的幾個先進研究室，都相繼提出了精美的數值模擬，證明的確可行。

但要將理論付諸實踐，做出一件隱形斗篷出來，就沒這麼容易了，因為目前世界上根本沒有這種材料！但這不代表它以後不會出現，研發各種具有神奇電磁特性的先進材料，是現在最有前景的科學研究領域之一（一些專家把這種材料稱為「超構材料」）。美國的研究人員最近已經成功製作出邊長約四十微米的毯子，可以讓奈米物體在紅光下隱形。當然這種小進展要進步到讓物體直接在人眼前消失，還差了十萬八千里。但這只是第一步，其他研究單位一定也正急起直追。

這個已遠遠超出好奇或魔術範圍的關鍵技術極難達成；不過光的性質與其他的波（例如震波）完全一樣。若這種隱形斗篷也能保護自己不受地震襲擊的話，應該每個人都想要一件吧。但前提是，我們不會忘記柏拉圖當年對此的警告……

—另見—
• 遠距傳送（明日）

明日——動物語翻譯

將動物的語言翻譯成人類的表達方式，這在過去單純只是說笑，但現在已經（差不多）稱得上是科學研究了：至少到了二〇二七年就知道結果。

誰沒夢想過，若有天能理解動物的語言，能和自己養的狗、貓或金絲雀等寵物平靜地交談（金魚可能就不行了）。二〇一〇年，Google宣稱要推出動物語翻譯：可以把喵嗚、汪汪、咕嚕咕嚕、咩咩、啾啾等聲音翻成人類的語言。這家公司還放出了一段展示影片：一名研發人員把某頭豬對於飼料的感想，翻譯給餵養牠的農民，把他嚇了一跳……這真是太神奇了！不過看看這段影片的發布日期：四月一日，上當了！

但大家都知道，技術會不斷進步，所以這個玩笑不是不可能成真！二〇一七年七月，總部位於西雅圖的網路巨擘亞馬遜，宣布開始研發「寵物翻譯機」（pet translator），並已委託一票專家學者們進行研究，其中包括「行為未來學家」（behavioural futurist）威爾·

希漢姆（Will Higham）。這位在個人網頁把自己打造成這行重量級專家（真的假的啊？）的「傑出學者」，宣稱有望在二〇二七年取得成果。他會這麼有信心，是因為看到北亞利桑那大學教授康斯坦丁・斯洛博德基克夫（Constantine Slobodchikoff）的研究工作，這位生物學教授已經研究土撥鼠三十多年，並且觀察到其交談語言的複雜性。據他了解，小型嚙齒動物對於每種威脅，包括空中狩獵的猛禽、土狼、飆車的蠢蛋……都有著不同的表達方式。

威爾・希漢姆在個人網頁上表示，他已經「告知成千上萬個生意人」這個未來的商機，不過學術界對他的說法抱持著懷疑的態度……亞馬遜要靠他才能在這個獲利奇高的寵物市場製造出新的需求？不會吧，你信嗎？即使這種發明能在十年、五十年或百年內奇蹟誕生，它也永遠無法解釋動物複雜的肢體動作。不過回想一下人類對動物所做的一切，牠們可是因我們吃了不少苦頭（認真的研究人員甚至把這比喻成「第六次大滅絕」），我們真的想聽牠們吐苦水嗎？

—**另見**—
・仿生學（明日）

明日——

遠距傳送

要在不經過其他地方的前提下，把某物品從一處轉移到另一處？科學家正在努力研發這種只存在於幻想中的技術……

早期的宇宙科幻片就已經有遠距傳送的情節，那時還跟現實科學沾不上邊。除了庫特·紐曼（Kurt Neumann）的《變蠅人》（*The Fly*，一九五八年上映）與大衛·柯能堡（David Cronenberg）在一九八六年的重拍版等老電影以外，它也是經典系列影集《星際爭霸戰》的主軸，「傳送器」可是粉絲每集必注意的重點。眼尖的粉絲甚至從第四季的第十集《戴德魯斯》中的某個鏡頭就發現，發明這個裝置的是二十二世紀的科學家埃默里·埃里克森（Emory Erickson）博士……

「那時」還跟現實科學沾不上邊？對，就是字面上的意思。當然我們不能把牛皮吹得太大：實驗室目前的成果，不只無法把寇克艦長和史巴克先生等人或其他物體送到敵對星球，技術上的差異也不只十萬八千里，講白一點，就是永遠也無法辦到。實驗室能辦到的技術是所謂的「糾纏粒子」（通常為一對光子），也就是「量子糾纏分發」；雖說它們之間的距離很遠，但是可視為單一且同一粒子。在二〇〇〇年，最大距離只能達到一公尺，但中國科學家團隊在二〇一七年創下了長達一千二百零三公里的新紀錄！現實存在的阿爾伯特．愛因斯坦與埃爾溫．薛丁格（Erwin Schrödinger），就相當於劇中的埃里克森博士，因為他們兩人在一九三五年進行了一場思想實驗，就是所謂的EPR悖論（EPR三字母各代表愛因斯坦、波多爾斯基、羅森）。這跟著名的「薛丁格的貓」都是描述量子物理問題的悖論，只是最基本的量子物理疊加態已經夠難懂了，量子糾纏更是謎中之謎！後者可以用一個簡單的比喻來形容：就像有兩個人分別在地球兩側各擲一枚硬幣，只是這兩枚硬幣一定都是以同一面朝其中一邊；所以當其中一人看到硬幣哪面朝著自己，那他也會知道另一人看到的會是哪一面……

不過，這次研究人員操縱的不是硬幣，也不是類似的東西……所以會被死老百姓追問：這幹什麼吃的？為了追求大自然的奧妙，這是很棒的理由，不覺得嗎？當然遠距傳送（正確的說法是量子糾纏）還有更強大的應用：看其中一個光子的變化就知道另一個光子的變化，這可以當成超遠距離資訊傳播媒介（即使距離長幾光年也行）。下一步可能就是製造出能力超強的量子電腦。但是我們還沒有走到那裡！

—**另見**—

・電腦（一九三六年）

明日——

核融合

········

核融合從一百三十億年前就已經出現在宇宙中，而人類也許有一天能成功駕馭它……

········

一九三八年，當時二戰還沒開打，德國人在這段戰後喘息期率先自實驗中發現核分裂反應：由於中子的作用，鈾原子核一分為二，並釋放出巨大的能量。法國人弗雷德里克·約里奧—居禮帶領的團隊也涉入其中，並因此觀測到連鎖反應：原子核分裂後釋放出兩到三個中子，然後各自去撞擊別的鈾原子核……核子反應堆的原理就此呼之欲出。

儘管核融合反應的理論基礎跟核分裂差不多同時建立，但實行起來稍晚。一九二〇年，英國天文物理學家亞瑟·愛丁頓（Arthur Eddington）首先提出學說，認為恆星是靠將氫融合為氦的反應來產生能量。然後是一九三四年，歐尼斯特·拉塞福（Ernest Rutherford）成功讓氘（氫的其中一種同位素，若與氧結合就是所謂的「重水」）融合成氦。最後在一九三九年，漢斯・貝特（Hans Bethe）成功地把四個氫原子核融合成氦原子的過程，以「質子－質子鏈反應」表示出來，以解釋恆星如何生成能量——這個反應式也讓這位阿爾薩斯科學家，贏得一九六七年的諾貝爾物理學獎。說穿了，真正發明核融合的是大自然，所以它的起源比人類或地球都還古老，早在大爆炸後一億年就誕生了！

人類在無盡的野心驅使下，二戰過後沒多久就能重現此現象。一九四六年，英國先開始研發，然後美國也跟上；一九五〇年，萊曼・史匹哲（Lyman Spitzer）提議設置一種命名為「仿星器」（stellarator）的裝置，只是後來被蘇聯科學家（重量級核子物理學家安德烈・沙卡洛夫等人）的「托卡馬克」（tokamak）搶去鋒頭。儘管開發出來的儀器越來越先進，但核融合發電仍停留在實驗階段……一九八五年，一個著名的跨國合作計畫誕生，它就是集結歐盟、中國、印度、日本、南韓、俄羅斯和美國之力來研發的「國際熱核融合實驗反應爐」（International Thermonuclear Experimental Reactor，即新聞上常出現的「ＩＴＥＲ」），只是最快也要等到二〇四〇年（或更晚）才能正式運行！若是覺得這太遙遠了，建議去讀弗雷德里克・約里奧－居禮於一九五七年刊登在期刊《殿堂》（*La Nef*）上的文章，他是這麼說的：「科學家就像建造大教堂的工人與藝術家一樣。他們參加了一項大工程，大到需要連續幾代人的工作；雖說無法在有生之年看到完工的一天，但這並沒有減少他們對這份工作的熱情與愛……」

另見

・核能（一九四二年）

明日——
永生

長生不老是至高無上的發明，也是人類創造力的巔峰境界。但它應該早就出現了吧？

在遙遠的未來，我們有可能發明出長生不老的方法嗎？這個問題很蠢，因為大自然設下的障礙是永遠跨不過去的，醫生對此的看法倒是挺一致。不過也有少數例外：例如法國的珍妮．卡爾門女士（Jeanne Calment），她活了一百二十二歲又一百六十四天，而一百二十歲是人瑞幾乎無法跨過的高牆。然而，這個主題已經逐漸從生命科學領域轉移到科技領域。永生已經從可能性渺茫的生物學發現，變成似乎會成真的發明……某些人堅信科技有一天會進步到能實現此一目標：以後會開發出越來越好用的人工臟器與義肢、能注入人體以對抗疾病與老化的奈米機器人，甚至可能把大腦內的意志與記憶，全部轉移到超級處理器和硬碟，讓人類直接跟機器融合……這種志在創造新人類（人類2.0版）的「超人類主義」已經存在很久很久了，聽起來真的很誘人。

但「永垂不朽」這個概念已經出現了很長一段時間。四千年前流傳至今的文學作品《吉爾伽美什史詩》（注：美索不達米亞的作品）中，永生已是重要的核心主題：儘管吉爾伽美什國王付出了所有努力，仍未能戰勝死亡，永生仍無法成真。至於我們日常生活中常接觸的一神教或其他宗教，又是怎麼說的呢？對於猶太人來說，爭論仍在進行中，因為……這故事很複雜，還是先別談了！至於基督徒跟穆斯林都認為，肉體死去後即是永生；人在世時的所作所為和虔誠與否，決定死後能上天堂或下地獄。不過天堂地獄不是重點，真正的重點是，永生與否操之在神。也就是說，每個人都（幾乎）默默接受祂的決定，早在超人類主義幻想萌芽前就是如此！當然，沒人能提供科學證據證明其存在，但也沒人能證明不存在……

這樣看來，古希臘人也許是這項發明的最大貢獻者？在他們眼中，只有創下偉大功勳的英雄、觸及不朽思想的哲學家、傳世鉅作的作者才有資格永生。總之，永生的本質是人類創造出的偉大作品，從最初的石器開始：以永生的發明為基礎，創造出更多永生的發明……

另見

・機器人（一九二一年）　・仿生學（明日）

Thales

原來 ×× 是這樣被發明的：
地球上 130 項從遠古到現代的驚人發明

作　　者：丹尼斯・古斯萊本（Denis Guthleben）
譯　　者：哈雷
發 行 人：王春申
選書顧問：林桶法、陳建守
總 編 輯：張曉蕊
主　　編：邱靖絨
校　　對：楊蕙苓
封面設計：吳郁嫻
內文排版：菩薩蠻電腦科技有限公司
業務組長：何思頓
行銷組長：張家舜
出版發行：臺灣商務印書館股份有限公司
23141 新北市新店區民權路 108-3 號 5 樓（同門市地址）
電話：(02)8667-3712　傳真：(02)8667-3709
讀者服務專線：0800056196
郵　　撥：0000165-1
E-mail：ecptw@cptw.com.tw
網路書店網址：www.cptw.com.tw
Facebook：facebook.com.tw/ecptw

局版北市業字第 993 號
初　　版：2021 年 1 月
初版一點七刷：2021 年 9 月
印　　刷：鴻霖印刷傳媒股份有限公司
定　　價：新臺幣 420 元
法律顧問：何一芃律師事務所

國家圖書館出版品預行編目 (CIP) 資料

原來××是這樣被發明的：地球上130項從遠古到現代的驚人發明 / 丹尼斯・古斯萊本(Denis Guthleben)著 ; 哈雷譯. -- 初版. -- 新北市 : 臺灣商務印書館股份有限公司, 2021.01

面； 公分. -- (Thales)

譯自：La fabuleuse histoire des inventions : de la maîtrise du feu à l'immortalité

ISBN 978-957-05-3299-9 (平裝)

1.發明 2.世界史

440.6 109020056